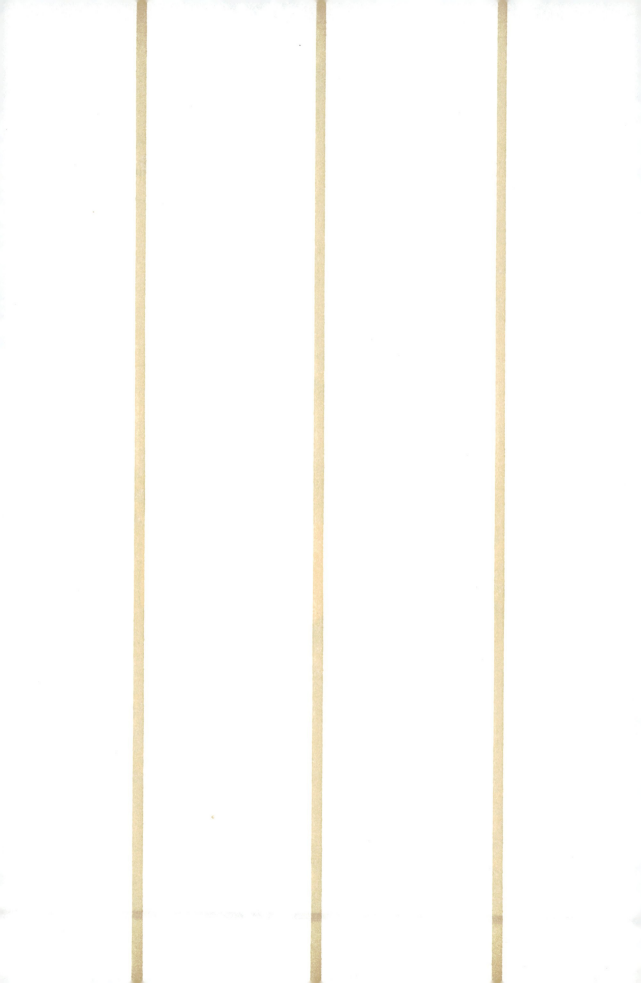

建筑与市政工程施工现场专业人员职业标准培训教材

机械员通用与基础知识

建筑与市政工程施工现场专业人员职业标准培训教材编审委员会
中国建设教育协会 组织编写
胡兴福 丁荷生 主编

中国建筑工业出版社

图书在版编目（CIP）数据

机械员通用与基础知识/胡兴福，丁荷生主编．—北京：中国建筑工业出版社，2013.9
建筑与市政工程施工现场专业人员职业标准培训教材
ISBN 978-7-112-15791-4

Ⅰ.①机… Ⅱ.①胡…②丁… Ⅲ.①建筑机械-技术培训-教材 Ⅳ.①TU6

中国版本图书馆CIP数据核字（2013）第208368号

本书是建筑与市政工程施工现场专业人员职业标准培训教材之一，按照《建筑与市政工程施工现场专业人员职业标准》编写。本书分为上下两篇，上篇为通用知识，下篇为基础知识。本书主要内容有：建设法规、工程材料、工程图识读、建筑施工技术、施工项目管理、工程力学的基本知识、机械设备的基础知识、施工机械常用油料、建筑机械临时用电、工程预算的基本知识等。本书可供相关专业工程技术人员学习使用。

责任编辑：朱首明　李　明
责任设计：李志立
责任校对：王雪竹　刘　钰

建筑与市政工程施工现场专业人员职业标准培训教材
机械员通用与基础知识
建筑与市政工程施工现场专业人员职业标准培训教材编审委员会　　　组织编写
中国建设教育协会
胡兴福　丁荷生　主编
*
中国建筑工业出版社出版、发行（北京西郊百万庄）
各地新华书店、建筑书店经销
北京科地亚盟排版公司制版
北京建筑工业印刷厂印刷
*

开本：787×1092毫米　1/16　印张：11　字数：270千字
2013年11月第一版　2015年9月第六次印刷
定价：27.00元
ISBN 978-7-112-15791-4
（24543）

版权所有　翻印必究
如有印装质量问题，可寄本社退换
（邮政编码　100037）

建筑与市政工程施工现场专业人员职业标准培训教材编审委员会

主　任：赵　琦　李竹成

副主任：沈元勤　张鲁风　何志方　胡兴福　危道军
　　　　尤　完　赵　研　邵　华

委　员：（按姓氏笔画为序）
　　　　王兰英　王国梁　孔庆璐　邓明胜　艾永祥
　　　　艾伟杰　吕国辉　朱吉顶　刘尧增　刘哲生
　　　　孙沛平　李　平　李　光　李　奇　李　健
　　　　李大伟　杨　苗　时　炜　余　萍　沈　汛
　　　　宋岩丽　张　晶　张　颖　张亚庆　张燕娜
　　　　张晓艳　张悠荣　陈　曦　陈再捷　金　虹
　　　　郑华孚　胡晓光　侯洪涛　贾宏俊　钱大志
　　　　徐家华　郭庆阳　韩丙甲　鲁　麟　魏鸿汉

出 版 说 明

建筑与市政工程施工现场专业人员队伍素质是影响工程质量和安全生产的关键因素。我国从20世纪80年代开始，在建设行业开展关键岗位培训考核和持证上岗工作。对于提高建设行业从业人员的素质起到了积极的作用。进入本世纪，在改革行政审批制度和转变政府职能的背景下，建设行业教育主管部门转变行业人才工作思路，积极规划和组织职业标准的研发。在住房和城乡建设部人事司的主持下，由中国建设教育协会、苏州二建建筑集团有限公司等单位主编了建设行业的第一部职业标准——《建筑与市政工程施工现场专业人员职业标准》，已由住房和城乡建设部发布，作为行业标准于2012年1月1日起实施。为推动该标准的贯彻落实，进一步编写了配套的14个考核评价大纲。

该职业标准及考核评价大纲有以下特点：(1)系统分析各类建筑施工企业现场专业人员岗位设置情况，总结归纳了8个岗位专业人员核心工作职责，这些职业分类和岗位职责具有普遍性、通用性。(2)突出职业能力本位原则，工作岗位职责与专业技能相互对应，通过技能训练能够提高专业人员的岗位履职能力。(3)注重专业知识的完整性、系统性，基本覆盖各岗位专业人员的知识要求，通用知识具有各岗位的一致性，基础知识、岗位知识能够体现本岗位的知识结构要求。(4)适应行业发展和行业管理的现实需要，岗位设置、专业技能和专业知识要求具有一定的前瞻性、引导性，能够满足专业人员提高综合素质和适应岗位变化的需要。

为落实职业标准，规范建设行业现场专业人员岗位培训工作，我们依据与职业标准相配套的考核评价大纲，组织编写了《建筑与市政工程施工现场专业人员职业标准培训教材》。

本套教材覆盖《建筑与市政工程施工现场专业人员职业标准》涉及的施工员、质量员、安全员、标准员、材料员、机械员、劳务员、资料员8个岗位14个考核评价大纲。每个岗位、专业，根据其职业工作的需要，注意精选教学内容、优化知识结构、突出能力要求，对知识、技能经过合理归纳，编写为《通用与基础知识》和《岗位知识与专业技能》两本，供培训配套使用。本套教材共29本，作者基本都参与了《建筑与市政工程施工现场专业人员职业标准》的编写，使本套教材的内容能充分体现《建筑与市政工程施工现场专业人员职业标准》，促进现场专业人员专业学习和能力提高的要求。

作为行业现场专业人员第一个职业标准贯彻实施的配套教材，我们的编写工作难免存在不足，因此，我们恳请使用本套教材的培训机构、教师和广大学员多提宝贵意见，以便进一步的修订，使其不断完善。

建筑与市政工程施工现场专业人员职业标准培训教材编审委员会

前　　言

《建筑与市政工程施工现场专业人员职业标准》(JGJ/T 250—2011) 于 2012 年 1 月 1 日正式实施。机械员是此次住房和城乡建设部设立的施工现场管理八大员之一。为进一步提高建筑与市政工程施工现场机械管理员职业素质，提高建筑与市政工程现场建筑机械管理水平，保证工程质量安全，并统一和规范全国建筑机械管理员的教材，在住房和城乡建设部人事司指导下，由中国建设教育协会、中国建筑业协会机械管理与租赁分会牵头并组织行业专家，根据住房和城乡建设部发布的《建筑与市政工程施工现场专业人员职业标准》(JGJ/T 250—2011) 及《建筑与市政工程施工现场专业人员职业标准考核评价大纲》对机械员的要求编写了本教材，包括通用知识和基础知识两大部分。本教材的编写注重"实践性、可读性、先进性、合理性、科学性"，希望能帮助学员理解机械员考试大纲的要求，掌握重点和难点，提高日常实际工作能力。

本教材通用知识部分由四川建筑职业技术学院胡兴福教授主编，深圳职业技术学院张伟副教授任副主编，建筑施工技术部分由张伟编写，其余部分由胡兴福编写，西南石油大学 2011 级研究生郝伟杰参与了该部分的编写工作。本教材基础知识部分由中建三局三公司丁荷生高级工程师担任主编、天津市建设工程质量安全监督管理总队及天津市工程机械行业协会陈再捷教授级高级工程师担任副主编，参加的编写人员有：马旭、冯治安、刘延泰、刘晓亮、孙曰增、李广荣、李佑荣、李健、杨路帆、吴成华、陆志远、张公威、张燕秋、张燕娜、周家透、侯沂、谈培骏、殷晨波、黄治郁、曹德雄、程福强。

北京建筑机械化研究院孔庆璐副编审担任本教材的主审。

本教材作为行业现场专业人员第一部职业标准贯彻实施的配套教材，凝结了众多领导和专家的心血，但由于编写仓促，难免有不足之处，希望读者提出宝贵意见，便于今后修订完善。

目　　录

上篇　通用知识

一、建设法规 ·· 1
 （一）概述 ·· 1
 （二）建筑法 ··· 2
 （三）安全生产法 ·· 10
 （四）建设工程安全生产及质量管理条例 ·························· 17
 （五）劳动法及劳动合同法 ·· 22

二、工程材料 ·· 29
 （一）无机胶凝材料 ··· 29
 （二）混凝土及砂浆 ··· 30
 （三）石材、砖和砌块 ·· 33
 （四）钢材 ·· 35

三、工程图识读 ··· 41
 （一）三视图 ··· 41
 （二）机械图的识读 ··· 42
 （三）房屋建筑图的识读 ··· 52

四、建筑施工技术 ·· 66
 （一）地基与基础工程 ·· 66
 （二）砌体工程 ·· 67
 （三）钢筋混凝土工程 ·· 70
 （四）钢结构工程 ··· 74

五、施工项目管理 ·· 76
 （一）概述 ·· 76
 （二）施工项目管理的内容及组织 ·································· 77
 （三）施工项目目标控制 ··· 81
 （四）施工资源与现场管理 ·· 87

下篇　基础知识

六、工程力学的基本知识 ·· 91
 （一）平面力系的基本概念 ·· 91

（二）杆件的内力分析 ……………………………………………………… 94
　　（三）杆件强度、刚度和稳定的基本概念 …………………………………… 98
七、机械设备的基础知识 ……………………………………………………… 103
　　（一）常用机械传动 …………………………………………………………… 103
　　（二）螺纹连接 ………………………………………………………………… 111
　　（三）液压传动 ………………………………………………………………… 115
八、施工机械常用油料 ………………………………………………………… 128
　　（一）燃油 ……………………………………………………………………… 128
　　（二）润滑油 …………………………………………………………………… 131
　　（三）工作油 …………………………………………………………………… 139
　　（四）油料的技术管理 ………………………………………………………… 143
九、建筑机械临时用电 ………………………………………………………… 145
　　（一）临时用电管理知识 ……………………………………………………… 145
　　（二）设备安全用电 …………………………………………………………… 153
十、工程预算的基本知识 ……………………………………………………… 161
　　（一）建筑工程及市政工程造价的基本概念 ………………………………… 161
　　（二）建筑与市政工程机械使用费 …………………………………………… 162

上篇　通用知识

一、建设法规

（一）概　述

建设法规是指国家立法机关或其授权的行政机关制定的旨在调整国家及其有关机构、企事业单位、社会团体、公民之间，在建设活动中或建设行政管理活动中发生的各种社会关系的法律、法规的统称。它体现了国家对城市建设、乡村建设、市政及社会公用事业等各项建设活动进行组织、管理、协调的方针、政策和基本原则。

建设法规体系是国家法律体系的重要组成部分，是由国家制定或认可，并由国家强制保证实施的，调整建设工程的新建、扩建、改建和拆除等有关活动中产生的社会关系的法律法规的系统。它是按照一定的原则、功能、层次所组成的相互联系、相互配合、相互补充、相互制约、协调一致的有机整体。

建设法规体系的构成即建设法规体系所采取的框架或结构。根据《中华人民共和国立法法》有关立法权限的规定，我国建设法规体系由以下五个层次组成。

1. 建设法律

建设法律是指由全国人民代表大会及其常务委员会制定通过，由国家主席以主席令的形式发布的属于国务院建设行政主管部门业务范围的各项法律，如《中华人民共和国建筑法》、《中华人民共和国招标投标法》、《中华人民共和国城乡规划法》等。建设法律是建设法规体系的核心和基础。

2. 建设行政法规

建设行政法规是指由国务院制定，经国务院常务委员会审议通过，由国务院总理以中华人民共和国国务院令的形式发布的属于建设行政主管部门主管业务范围的各项法规。建设行政法规的名称常以"条例"、"办法"、"规定"、"规章"等名称出现，如《建设工程质量管理条例》、《建设工程安全生产管理条例》等。建设行政法规的效力低于建设法律，在全国范围内施行。

3. 建设部门规章

建设部门规章是指住房和城乡建设部根据国务院规定的职责范围，依法制定并颁布的各项规章或由住房和城乡建设部与国务院其他有关部门联合制定并发布的规章，如《实施工程建设强制性标准监督规定》、《工程建设项目施工招标投标办法》等。建设部门规章一方面是对法律、行政法规的规定进一步具体化，以便其得到更好的贯彻执行；另一方面是作为法律、法规的补充，为有关政府部门的行为提供依据。部门规章对全国有关行政管理部门具有约束力，但其效力低于行政法规。

4. 地方性建设法规

地方性建设法规是指在不与宪法、法律、行政法规相抵触的前提下，由省、自治区、直辖市人民代表大会及其常委会结合本地区实际情况制定颁行的或经其批准颁行的由下级人大或其常委会制定的，只是在本行政区域有效的建设方面的法规。关于地方的立法权问题，地方是与中央相对应的一个概念，我国的地方人民政府分为省、地、县、乡四级。其中省级中包括直辖市，县级中包括县级市即不设区的市。县、乡级没有立法权。省、自治区、直辖市以及省会城市、自治区首府有立法权。而地级市中只有国务院批准的规模较大的市有立法权，其他地级市没有立法权。

5. 地方建设规章

地方建设规章是指省、自治区、直辖市人民政府以及省会（自治区首府）城市和经国务院批准的较大城市的人民政府，根据法律和法规制定颁布的，只在本行政区域有效的建设方面的规章。

在建设法规的上述五个层次中，其法律效力从高到低依次为建设法律、建设行政法规、建设部门规章、地方性建设法规、地方建设规章。法律效力高的称为上位法，法律效力低的称为下位法。下位法不得与上位法相抵触，否则其相应规定将被视为无效。

（二）建 筑 法

《中华人民共和国建筑法》（以下简称《建筑法》）于 1997 年 11 月 1 日由中华人民共和国第八届全国人民代表大会常务委员会第二十八次会议通过，于 1997 年 11 月 1 日发布，自 1998 年 3 月 1 日起施行。2011 年 4 月 22 日，中华人民共和国第十一届全国人民代表大会常务委员会第二十次会议通过了《全国人民代表大会常务委员会关于修改〈中华人民共和国建筑法〉的决定》，修改后的《中华人民共和国建筑法》自 2011 年 7 月 1 日起施行。

《建筑法》的立法目的在于加强对建筑活动的监督管理，维护建筑市场秩序，保证建筑工程的质量和安全，促进建筑业健康发展。《建筑法》共 8 章 85 条，分别从建筑许可、建筑工程发包与承包、建筑工程监理、建筑安全生产管理、建筑工程质量管理等方面作出了规定。

1. 从业资格的有关规定

（1）法规相关条文

《建筑法》关于从业资格的条文是第 12 条、第 13 条、第 14 条。

(2) 建筑业企业的资质

从事土木工程、建筑工程、线路管道设备安装工程、装修工程的新建、扩建、改建等活动的企业称为建筑业企业。建筑业企业资质,是指建筑业企业的建设业绩、人员素质、管理水平、资金数量、技术装备等的总称。建筑业企业资质等级,是指国务院行政主管部门按资质条件把企业划分成的不同等级。

1) 建筑业企业资质序列及类别

建筑业企业资质分为施工总承包、专业承包和施工劳务三个序列。取得施工总承包资质的企业称为施工总承包企业。取得专业承包资质的企业称为专业承包企业。取得劳务分包资质的企业称为施工劳务企业。

施工总承包资质、专业承包资质、施工劳务资质序列可按照工程性质和技术特点分别划分为若干资质类别,见表1-1。

建筑业企业资质序列及类别　　　　　　　表1-1

序号	资质序列	资质类别
1	施工总承包资质	分为12个类别,分别是:建筑工程、公路工程、铁路工程、港口与航道工程、水利水电工程、电力工程、矿山工程、冶炼工程、石油化工工程、市政公用工程、通信工程、机电工程
2	专业承包资质	分为36个类别,包括地基基础工程、建筑装修装饰工程、建筑幕墙工程、钢结构工程、防水防腐保温工程、预拌混凝土、设备安装工程、电子与智能化工程、桥梁工程等
3	施工劳务资质	施工劳务序列不分类别

取得施工总承包资质的企业,可以对所承接的施工总承包工程内的各专业工程全部自行施工,也可以将专业工程依法进行分包。取得专业承包资质的企业应对所承接的专业工程全部自行组织施工,劳务作业可以分包给具有施工劳务分包资质的企业。取得施工劳务资质的企业可以承接具有施工总承包资质或专业承包资质的企业分包的劳务作业。

2) 建筑业企业资质等级

施工总承包、专业承包各资质类别按照规定的条件划分为若干资质等级,施工劳务资质不分等级。建筑企业各资质等级标准和各类别等级资质企业承担工程的具体范围,由国务院建设主管部门会同国务院有关部门制定。

建筑工程、市政公用工程施工总承包企业资质等级均分为特级、一级、二级、三级。专业承包企业资质等级分类见表1-2。

部分专业承包企业资质等级　　　　　　　表1-2

企业类别	等级分类	企业类别	等级分类
地基基础工程	一、二、三级	建筑幕墙工程	一、二级
建筑装修装饰工程	一、二级	钢结构工程	一、二级
预拌混凝土	不分等级	模板脚手架	一、二级
古建筑工程	一、二、三级	电子与智能化工程	一、二级
消防设施工程	一、二级	城市及道路照明工程	一、二、三级
防水防腐保温工程	一、二级	特种工程	不分等级

3）承揽业务的范围

① 施工总承包企业

施工总承包企业可以承接施工总承包工程。施工总承包企业可以对所承接的施工总承包工程内各专业工程全部自行施工，也可以将专业工程或劳务作业依法分包给具有相应资质的专业承包企业或施工劳务企业。

建筑工程、市政公用工程施工总承包企业可以承揽的业务范围见表1-3、表1-4。

房屋建筑工程施工总承包企业承包工程范围　　　　表1-3

序号	企业资质	承包工程范围
1	特级	可承担各类建筑工程的施工
2	一级	可承担单项合同额3000万元及以上的下列建筑工程的施工： (1) 高度200m及以下的工业、民用建筑工程； (2) 高度240m及以下的构筑物工程
3	二级	可承担下列建筑工程的施工： (1) 高度200m及以下的工业、民用建筑工程； (2) 高度120m及以下的构筑物工程； (3) 建筑面积4万 m^2 及以下的单体工业、民用建筑工程； (4) 单跨跨度39m及以下的建筑工程
4	三级	可承担下列建筑工程的施工： (1) 高度50m以内的m建筑工程； (2) 高度70m及以下的构筑物工程； (3) 建筑面积1.2万 m^2 及以下的单体工业、民用建筑工程； (4) 单跨跨度27m及以下的建筑工程

市政公用工程施工总承包企业承包工程范围　　　　表1-4

序号	企业资质	承包工程范围
1	一级	可承担各种类市政公用工程的施工
2	二级	可承担下列市政公用工程的施工： (1) 各类城市道路；单跨45m及以下的城市桥梁； (2) 15万t/d及以下的供水工程；10万t/d及以下的污水处理工程；2万t/d及以下的给水泵站、15万t/d及以下的污水泵站、雨水泵站；各类给水排水及中水管道工程； (3) 中压以下燃气管道、调压站；供热面积150万 m^2 及以下热力工程和各类热力管工程； (4) 各类城市生活垃圾处理工程； (5) 断面25m^2 及以下隧道工程和地下交通工程； (6) 各类城市广场、地面停车场硬质铺装； (7) 单项合同额4000万元及以下的市政综合工程

续表

序号	企业资质	承包工程范围
3	三级	可承担下列市政公用工程的施工： (1) 城市道路工程（不含快速路）；单跨25m及以下的城市桥梁工程； (2) 8万t/d及以下的给水厂；6万t/d及以下的污水处理工程；10万t/d及以下的给水泵站、10万t/d及以下的污水泵站、雨水泵站，直径1m及以下供水管道；直径1.5m及以下污水及中水管道； (3) 2kg/cm² 及以下中压、低压燃气管道、调压站；供热面积50万m²及以下热力工程，直径0.2m及以下热力管道； (4) 单项合同额2500万元及以下的城市生活垃圾处理工程； (5) 单项合同额2000万元及以下地下交通工程（不包括轨道交通工程）； (6) 5000m² 及以下城市广场、地面停车场硬质铺装； (7) 单项合同额2500万元及以下的市政综合工程

② 专业承包企业

专业承包企业可以承接施工总承包企业分包的专业工程和建设单位依法发包的专业工程。专业承包企业可以对所承接的专业工程全部自行施工，也可以将劳务作业依法分包给具有相应资质的施工劳务企业。

部分专业承包企业可以承揽的业务范围见表1-5。

部分专业承包企业可以承揽的业务范围 表1-5

序号	企业类型	资质等级	承包范围
1	地基基础工程	一级	可承担各类地基基础工程的施工
		二级	可承担下列工程的施工： (1) 高度100m及以下工业、民用建筑工程和高度120m及以下构筑物的地基基础工程； (2) 深度不超过24m的刚性桩复合地基处理和深度不超过10m的其他地基处理工程； (3) 单桩承受设计荷载5000kN及以下的桩基础工程； (4) 开挖深度不超过15m的基坑围护工程
		三级	可承担下列工程的施工： (1) 高度50m及以下工业、民用建筑工程和高度70m及以下构筑物的地基基础工程； (2) 深度不超过18m的刚性桩复合地基处理或深度不超过8m的其他地基处理工程； (3) 单桩承受设计荷载3000kN及以下的桩基础工程； (4) 开挖深度不超过12m的基坑围护工程
2	建筑装修装饰工程	一级	可承担各类建筑装修装饰工程，以及与装修工程直接配套的其他工程的施工
		二级	可承担单项合同额2000万元及以下的建筑装修装饰工程，以及与装修工程直接配套的其他工程的施工
3	建筑幕墙工程	一级	可承担各类型建筑幕墙工程的施工
		二级	可承担单体建筑工程面积8000m² 及以下建筑幕墙工程的施工
4	钢结构工程	一级	可承担下列钢结构工程的施工： (1) 钢结构高度60m及以上； (2) 钢结构单跨跨度30m及以上； (3) 网壳、网架结构短边边跨度50m及以上； (4) 单体钢结构工程钢结构总重量4000t及以上； (5) 单体建筑面积30000m² 及以上

续表

序号	企业类型	资质等级	承包范围
4	钢结构工程	二级	可承担下列钢结构工程的施工： (1) 钢结构高度 100m 及以下； (2) 钢结构单跨跨度 36m 及以下； (3) 网壳、网架结构短边跨跨度 75m 及以下； (4) 单体钢结构工程钢结构总重量 6000t 及以下； (5) 单体建筑面积 35000m² 及以下
		三级	可承担下列钢结构工程的施工： (1) 钢结构高度 60m 及以下； (2) 钢结构单跨跨度 30m 及以下； (3) 网壳、网架结构短边跨跨度 35m 及以下； (4) 单体钢结构工程钢结构总重量 3000t 及以下； (5) 单体建筑面积 15000m² 及以下
5	电子与建筑智能化工程	一级	可承担各类型电子工程、建筑智能化工程的施工
		二级	可承担单项合同额 2500 万元及以下的电子工业制造设备安装工程和电子工业环境工程、单项合同额 1500 万元及以下的电子系统工程和建筑智能化工程的施工

③ 施工劳务企业

施工劳务企业可以承担各类劳务作业。

2. 建筑工程承包的有关规定

(1) 法规相关条文

《建筑法》建筑工程承包的条文是第 26～29 条。

(2) 建筑业企业资质管理规定

承包建筑工程的单位应当持有依法取得的资质证书，并在其资质等级许可的业务范围内承揽工程。禁止建筑施工企业超越本企业资质等级许可的业务范围或者以任何形式用其他建筑施工企业的名义承揽工程。禁止建筑施工企业以任何形式允许其他单位或者个人使用本企业的资质证书、营业执照，以本企业的名义承揽工程。

2005 年 1 月 1 日开始实行的《最高人民法院关于审理建设工程施工合同纠纷案件适用法律问题的解释》第 1 条规定：建设工程施工合同具有下列情形之一的，应当根据合同法第 52 条第 (5) 项的规定，认定无效：

1) 承包人未取得建筑施工企业资质或者超越资质等级的；

2) 没有资质的实际施工人借用有资质的建筑施工企业名义的；

3) 建设工程必须进行招标而未招标或者中标无效的。

(3) 联合承包

两个以上的承包单位组成联合体共同承包建设工程的行为称为联合承包。《建筑法》第二十七条规定，对于大型建筑工程或者结构复杂的建筑工程，可以由两个以上的承包单位联合共同承包。

1) 联合体资质的认定

依据《建筑法》第 27 条，联合体作为投标人投标时，应当按照资质等级较低的单位的业务许可范围承揽工程。

2) 联合体中各成员单位的责任承担

组成联合体的成员单位投标之前必须要签订共同投标协议，明确约定各方拟承担的工作和责任,并将共同投标协议连同投标文件一并提交招标人。否则,依据《工程建设项目施工招标投标办法》,由评标委员会初审后按废标处理。

同时,联合体的成员单位对承包合同的履行承担连带责任。《民法通则》第87条规定,负有连带义务的每个债务人,都负有清偿全部债务的义务。因此,联合体的成员单位都负有清偿全部债务的义务。

（4）转包

转包系指承包单位承包建设工程后,不履行合同约定的责任和义务,将其承包的全部建设工程转给他人或者将其承包的全部建设工程肢解以后以分包的名义分别转给其他单位承包的行为。

《建筑法》禁止转包行为,其第28条规定：禁止承包单位将其承包的全部建筑工程转包给他人,禁止承包单位将其承包的全部建筑工程肢解以后以分包的名义分别转包给他人。

《最高人民法院关于审理建设工程施工合同纠纷案件适用法律问题的解释》第4条也规定：承包人非法转包、违法分包建设工程或者没有资质的实际施工人借用有资质的建筑施工企业名义与他人签订建设工程施工合同的行为无效。人民法院可以根据民法通则的规定,收缴当事人已经取得的非法所得。

（5）分包

1) 分包的概念

总承包单位将其所承包的工程中的专业工程或者劳务作业发包给其他承包单位完成的活动称为分包。

分包分为专业工程分包和劳务作业分包。专业工程分包,是指总承包单位将其所承包工程中的专业工程发包给具有相应资质的其他承包单位完成的活动。劳务作业分包,是指施工总承包企业或者专业承包企业将其承包工程中的劳务作业发包给劳务分包企业完成的活动。

《建筑法》第29条规定：建筑工程总承包单位可以将承包工程中的部分工程发包给具有相应资质条件的分包单位。

2) 违法分包

《建筑法》第29条规定：禁止总承包单位将工程分包给不具备相应资质条件的单位,禁止分包单位将其承包的工程再分包。

依据《建筑法》的规定,《建设工程质量管理条例》进一步将违法分包界定为如下几种情形:

① 总承包单位将建设工程分包给不具备相应资质条件的单位的；

② 建设工程总承包合同中未有约定,又未经建设单位认可,承包单位将其承包的部分建设工程交由其他单位完成的；

③ 施工总承包单位将建设工程主体结构的施工分包给其他单位的；

④ 分包单位将其承包的建设工程再分包的。

3) 总承包单位与分包单位的连带责任

《建筑法》第29条规定：总承包单位和分包单位就分包工程对建设单位承担连带责任。

连带责任既可以依合同约定产生,也可以依法律规定产生。总承包单位和分包单位之间的责任划分,应当根据双方的合同约定或者各自过错大小确定；一方向建设单位承担的责任超过其应承担份额的，有权向另一方追偿。需要说明的是，虽然建设单位和分包单位之间没有合同关系，但是当分包工程发生质量、安全、进度等方面问题给建设单位造成损失时，建设单位既可以根据总承包合同向总承包单位追究违约责任，也可以根据法律规定直接要求分包单位承担损害赔偿责任，分包单位不得拒绝。

3. 建筑安全生产管理的有关规定

（1）法规相关条文

《建筑法》关于建筑安全生产管理的条文是第36～51条，其中有关建筑施工企业的条文是第36～39条、第41条、第44～48条、第51条。

（2）建筑安全生产管理方针

建筑安全生产管理是指建设行政主管部门、建筑安全监督管理机构，建筑施工企业及有关单位对建筑生产过程中的安全工作，进行计划、组织、指挥、控制、监督等一系列的管理活动。

《建筑法》第36条规定：建筑工程安全生产管理必须坚持安全第一、预防为主的方针。

安全生产关系到人民群众生命和财产安全，关系到社会稳定和经济健康发展，建设工程安全生产管理必须坚持安全第一、预防为主的方针。"安全第一"是安全生产方针的基础；"预防为主"是安全生产方针的核心和具体体现，是实现安全生产的根本途径，生产必须安全，安全促进生产。

安全第一，是从保护和发展生产力的角度，表明在生产范围内安全与生产的关系，肯定安全在建筑生产活动中的首要位置和重要性。预防为主，是指在建设工程生产活动中，针对建设工程生产的特点，对生产要素采取管理措施，有效地控制不安全因素的发展与扩大，把可能发生的事故消灭在萌芽状态，以保证生产活动中人的安全与健康。

"安全第一"还反映了当安全与生产发生矛盾的时候，应该服从安全，消灭隐患，保证建设工程在安全的条件下生产。"预防为主"则体现在事先策划、事中控制、事后总结，通过信息收集，归类分析，制定预案，控制防范。安全第一、预防为主的方针，体现了国家在建设工程安全生产过程中"以人为本"的思想，也体现了国家对保护劳动者权利、保护社会生产力的高度重视。

（3）建设工程安全生产基本制度

1）安全生产责任制度

安全生产责任制度是将企业各级负责人、各职能机构及其工作人员和各岗位作业人员，在安全生产方面应做的工作及应负的责任加以明确规定的一种制度。

《建筑法》第36条规定：建筑工程安全生产管理必须建立健全安全生产的责任制度。第44条又规定：建筑施工企业必须依法加强对建筑安全生产的管理，执行安全生产责任制度，采取有效措施，防止伤亡和其他安全生产事故的发生。

安全生产责任制度是建筑生产中最基本的安全管理制度，是所有安全规章制度的核心，是安全第一、预防为主方针的具体体现。通过制定安全生产责任制，建立一种分工明确、运行有效、责任落实、能够充分发挥作用的、长效的安全生产机制，把安全生产工作落到实处。认真落实安全生产责任制，不仅是为了保证在发生生产安全事故时，可以追究责任，更重要的是通过日常或定期检查、考核，奖优罚劣，提高全体从业人员执行安全生产责任制的自觉性，使安全生产责任制真正落实到安全生产工作中去。

建筑施工单位的安全生产责任制主要包括企业各级领导人员的安全职责、企业各有关职能部门的安全生产职责以及施工现场管理人员及作业人员的安全职责三个方面。

2）群防群治制度

群防群治制度是职工群众进行预防和治理安全的一种制度。

《建筑法》第36条规定：建筑工程安全生产管理必须建立健全群防群治制度。

群防群治制度也是"安全第一、预防为主"的具体体现，同时也是群众路线在安全工作中的具体体现，是企业进行民主管理的重要内容。这一制度要求建筑企业职工在施工中应当遵守有关生产的法律、法规和建筑行业安全规章、规程，不得违章作业；对于危及生命安全和身体健康的行为有权提出批评、检举和控告。

3）安全生产教育培训制度

安全生产教育培训制度是对广大建筑干部职工进行安全教育培训，提高安全意识，增加安全知识和技能的制度。

《建筑法》46条规定，建筑施工企业应当建立健全劳动安全生产教育培训制度，加强对职工安全生产的教育培训；未经安全生产教育培训的人员，不得上岗作业。

安全生产，人人有责。只有通过对广大职工进行安全教育、培训，才能使广大职工真正认识到安全生产的重要性、必要性，才能使广大职工掌握更多更有效的安全生产的科学技术知识，牢固树立安全第一的思想，自觉遵守各项安全生产和规章制度。

4）伤亡事故处理报告制度

伤亡事故处理报告制度是指施工中发生事故时，建筑企业应当采取紧急措施减少人员伤亡和事故损失，并按照国家有关规定及时向有关部门报告的制度。

《建筑法》第51条规定，施工中发生事故时，建筑施工企业应当采取紧急措施减少人员伤亡和事故损失，并按照国家有关规定及时向有关部门报告。

事故处理必须遵循一定的程序，做到"四不放过"，即事故原因分析不清不放过、事故责任者和群众没有受到教育不放过、事故隐患不整改不放过，事故的责任者没有受到处理不放过。通过对事故的严格处理，可以总结出教训，为制定规程、规章提供第一手素材，做到亡羊补牢。

5）安全生产检查制度

安全生产检查制度是上级管理部门或企业自身对安全生产状况进行定期或不定期检查的制度。

通过检查可以发现问题，查出隐患，从而采取有效措施，堵塞漏洞，把事故消灭在发生之前，做到防患于未然，是"预防为主"的具体体现。通过检查，还可总结出好的经验加以推广，为进一步搞好安全工作打下基础。安全检查制度是安全生产的保障。

6）安全责任追究制度

建设单位、设计单位、施工单位、监理单位，由于没有履行职责造成人员伤亡和事故损失的，视情节给予相应处理；情节严重的，责令停业整顿，降低资质等级或吊销资质证书；构成犯罪的，依法追究刑事责任。

(4) 建筑施工企业的安全生产责任

《建筑法》第38条、第39条、第41条、第44条、第45～48条、第51条规定了建筑施工企业的安全生产责任。根据这些规定，《建设工程质量管理条例》等法规做了进一步细化和补充，具体见《建设工程质量管理条例》部分相关内容。

4.《建筑法》关于质量管理的规定

(1) 法规相关条文

《建筑法》关于质量管理的条文是第52～63条，其中有关建筑施工企业的条文是第52条、第54条、第55条、第58～62条。

(2) 建设工程竣工验收制度

《建筑法》第61条规定，交付竣工验收的建筑工程，必须符合规定的建筑工程质量标准，有完整的工程技术经济资料和经签署的工程保修书，并具备国家规定的其他竣工条件。建筑工程竣工经验收合格后，方可交付使用；未经验收或者验收不合格的，不得交付使用。

建设工程项目的竣工验收，指在建筑工程已按照设计要求完成全部施工任务，准备交付给建设单位投入使用时，由建设单位或有关主管部门依照国家关于建筑工程竣工验收制度的规定，对该项工程是否符合设计要求和工程质量标准所进行的检查、考核工作。工程项目的竣工验收是施工全过程的最后一道工序，也是工程项目管理的最后一项工作。它是建设投资成果转入生产或使用的标志，也是全面考核投资效益、检验设计和施工质量的重要环节。认真做好工程项目的竣工验收工程，对保证工程项目的质量具有重要意义。

(3) 建设工程质量保修制度

建设工程质量保修制度，是指建设工程竣工经验收后，在规定的保修期限内，因勘察、设计、施工、材料等原因造成的质量缺陷，应当由施工承包单位负责维修、返工或更换，由责任单位负责赔偿损失的法律制度。建设工程质量保修制度对于促进建设各方加强质量管理，保护用户及消费者的合法权益可起到重要的保障作用。

《建筑法》第62条规定，建筑工程实行质量保修制度。同时，还对质量保修的范围和期限作了规定：建筑工程的保修范围应当包括地基基础工程、主体结构工程、屋面防水工程和其他土建工程，以及电气管线、上下水管线的安装工程，供热、供冷系统工程等项目；保修的期限应当按照保证建筑物合理寿命年限内正常使用，维护使用者合法权益的原则确定。具体的保修范围和最低保修期限由国务院规定。据此，国务院在《建设工程质量管理条例》中作了明确规定，详见《建设工程质量管理条例》相关内容。

(4) 建筑施工企业的质量责任与义务

《建筑法》第54条、第55条、第58～62条规定了建筑施工企业的质量责任与义务。据此，《建设工程质量管理条例》作了进一步细化，见《建设工程质量管理条例》部分相关内容。

（三）安全生产法

《中华人民共和国安全生产法》（以下简称《安全生产法》）由中华人民共和国第九届全国人民代表大会常务委员会第二十八次会议于2002年6月29日通过，自2002年11月

1日起施行。

《安全生产法》的立法目的，是为了加强安全生产监督管理，防止和减少生产安全事故，保障人民群众生命和财产安全，促进经济发展。《安全生产法》包括总则、生产经营单位的安全生产保障、从业人员的权利和义务、安全生产的监督管理、生产安全事故的应急救援与调查处理、法律责任、附则7章，共99条。对生产经营单位的安全生产保障、从业人员的权利和义务、安全生产的监督管理、生产安全事故的应急救援与调查处理四个主要方面作出了规定。

1. 生产经营单位的安全生产保障的有关规定

(1) 法规相关条文

《安全生产法》关于生产经营单位的安全生产保障的条文是第16～43条。

(2) 组织保障措施

1) 建立安全生产管理机构

《安全生产法》第19条规定：矿山、建筑施工单位和危险物品的生产、经营、储存单位，应当设置安全生产管理机构或者配备专职安全生产管理人员。

2) 明确岗位责任

① 生产经营单位的主要负责人的职责

《安全生产法》第17条规定：生产经营单位的主要负责人对本单位安全生产工作负有下列职责：

A. 建立、健全本单位安全生产责任制；

B. 组织制定本单位安全生产规章制度和操作规程；

C. 保证本单位安全生产投入的有效实施；

D. 督促、检查本单位的安全生产工作，及时消除生产安全事故隐患；

E. 组织制定并实施本单位的生产安全事故应急救援预案；

F. 及时、如实报告生产安全事故。

同时，第42条规定：生产经营单位发生重大生产安全事故时，单位的主要负责人应当立即组织抢救，并不得在事故调查处理期间擅离职守。

② 生产经营单位的安全生产管理人员的职责

《安全生产法》第38条规定：生产经营单位的安全生产管理人员应当根据本单位的生产经营特点，对安全生产状况进行经常性检查；对检查中发现的安全问题，应当立即处理；不能处理的，应当及时报告本单位有关负责人。检查及处理情况应当记录在案。

③ 对安全设施、设备的质量负责的岗位

A. 对安全设施的设计质量负责的岗位

《安全生产法》第26条规定：建设项目安全设施的设计人、设计单位应当对安全设施设计负责。

矿山建设项目和用于生产、储存危险物品的建设项目的安全设施设计应当按照国家有关规定报经有关部门审查，审查部门及其负责审查的人员对审查结果负责。

B. 对安全设施的施工负责的岗位

《安全生产法》第27条规定：矿山建设项目和用于生产、储存危险物品的建设项目的施工单位必须按照批准的安全设施设计施工,并对安全设施的工程质量负责。

C. 对安全设施的竣工验收负责的岗位

《安全生产法》第 27 条规定:矿山建设项目和用于生产、储存危险物品的建设项目竣工投入生产或者使用前,必须依照有关法律、行政法规的规定对安全设施进行验收;验收合格后,方可投入生产和使用。验收部门及其验收人员对验收结果负责。

D. 对安全设备质量负责的岗位

《安全生产法》第 30 条规定:生产经营单位使用的涉及生命安全、危险性较大的特种设备,以及危险物品的容器、运输工具,必须按照国家有关规定,由专业生产单位生产,并经取得专业资质的检测、检验机构检测、检验合格,取得安全使用证或者安全标志,方可投入使用。检测、检验机构对检测、检验结果负责。

涉及生命安全、危险性较大的特种设备的目录由国务院负责特种设备安全监督管理的部门制定,报国务院批准后执行。

(3) 管理保障措施

1) 人力资源管理

① 对主要负责人和安全生产管理人员的管理

《安全生产法》第 20 条规定:生产经营单位的主要负责人和安全生产管理人员必须具备与本单位所从事的生产经营活动相应的安全生产知识和管理能力。

危险物品的生产、经营、储存单位以及矿山、建筑施工单位的主要负责人和安全生产管理人员,应当由有关主管部门对其安全生产知识和管理能力考核合格后方可任职。考核不得收费。

② 对一般从业人员的管理

《安全生产法》第 21 条规定:生产经营单位应当对从业人员进行安全生产教育和培训,保证从业人员具备必要的安全生产知识,熟悉有关的安全生产规章制度和安全操作规程,掌握本岗位的安全操作技能。未经安全生产教育和培训合格的从业人员,不得上岗作业。

③ 对特种作业人员的管理

《安全生产法》第 23 条规定:生产经营单位的特种作业人员必须按照国家有关规定经专门的安全作业培训,取得特种作业操作资格证书,方可上岗作业。

2) 物力资源管理

① 设备的日常管理

《安全生产法》第 28 条规定:生产经营单位应当在有较大危险因素的生产经营场所和有关设施、设备上,设置明显的安全警示标志。

《安全生产法》第 29 条规定:安全设备的设计、制造、安装、使用、检测、维修、改造和报废,应当符合国家标准或者行业标准。

生产经营单位必须对安全设备进行经常性维护、保养,并定期检测,保证正常运转。维护、保养、检测应当做好记录,并由有关人员签字。

② 设备的淘汰制度

《安全生产法》第 31 条规定:国家对严重危及生产安全的工艺、设备实行淘汰制度。生产经营单位不得使用国家明令淘汰、禁止使用的危及生产安全的工艺、设备。

③ 生产经营项目、场所、设备的转让管理

《安全生产法》第 41 条规定：生产经营单位不得将生产经营项目、场所、设备发包或者出租给不具备安全生产条件或者相应资质的单位或者个人。

④ 生产经营项目、场所的协调管理

《安全生产法》第 41 条规定：生产经营项目、场所有多个承包单位、承租单位的，生产经营单位应当与承包单位、承租单位签订专门的安全生产管理协议，或者在承包合同、租赁合同中约定各自的安全生产管理职责；生产经营单位对承包单位、承租单位的安全生产工作统一协调、管理。

（4）经济保障措施

1）保证安全生产所必需的资金

《安全生产法》第 18 条规定：生产经营单位应当具备的安全生产条件所必需的资金投入，由生产经营单位的决策机构、主要负责人或者个人经营的投资人予以保证，并对由于安全生产所必需的资金投入不足导致的后果承担责任。

2）保证安全设施所需要的资金

《安全生产法》第 24 条规定：生产经营单位新建、改建、扩建工程项目（以下统称建设项目）的安全设施，必须与主体工程同时设计、同时施工、同时投入生产和使用。安全设施投资应当纳入建设项目概算。

3）保证劳动防护用品、安全生产培训所需要的资金

《安全生产法》第 37 条规定：生产经营单位必须为从业人员提供符合国家标准或者行业标准的劳动防护用品，并监督、教育从业人员按照使用规则佩戴、使用。

《安全生产法》第 39 条规定：生产经营单位应当安排用于配备劳动防护用品、进行安全生产培训的经费。

4）保证工伤社会保险所需要的资金

《安全生产法》第 43 条规定：生产经营单位必须依法参加工伤社会保险，为从业人员缴纳保险费。

（5）技术保障措施

1）对新工艺、新技术、新材料或者使用新设备的管理

《安全生产法》第 22 条规定：生产经营单位采用新工艺、新技术、新材料或者使用新设备，必须了解、掌握其安全技术特性，采取有效的安全防护措施，并对从业人员进行专门的安全生产教育和培训。

2）对安全条件论证和安全评价的管理

《安全生产法》第 25 条规定：矿山建设项目和用于生产、储存危险物品的建设项目，应当分别按照国家有关规定进行安全条件论证和安全评价。

3）对废弃危险物品的管理

《安全生产法》第 32 条规定：生产、经营、运输、储存、使用危险物品或者处置废弃危险物品的，由有关主管部门依照有关法律、法规的规定和国家标准或者行业标准审批并实施监督管理。

生产经营单位生产、经营、运输、储存、使用危险物品或者处置废弃危险物品，必须

执行有关法律、法规和国家标准或者行业标准，建立专门的安全管理制度，采取可靠的安全措施，接受有关主管部门依法实施的监督管理。

4）对重大危险源的管理

《安全生产法》第 33 条规定：生产经营单位对重大危险源应当登记建档，进行定期检测、评估、监控，并制定应急预案，告知从业人员和相关人员在紧急情况下应当采取的应急措施。

生产经营单位应当按照国家有关规定将本单位重大危险源及有关安全措施、应急措施报有关地方人民政府负责安全生产监督管理的部门和有关部门备案。

5）对员工宿舍的管理

《安全生产法》第 34 条规定：生产、经营、储存、使用危险物品的车间、商店、仓库不得与员工宿舍在同一座建筑物内，并应当与员工宿舍保持安全距离。

生产经营场所和员工宿舍应当设有符合紧急疏散要求、标志明显、保持畅通的出口。禁止封闭、堵塞生产经营场所或者员工宿舍的出口。

6）对危险作业的管理

《安全生产法》第 35 条规定：生产经营单位进行爆破、吊装等危险作业，应当安排专门人员进行现场安全管理，确保操作规程的遵守和安全措施的落实。

7）对安全生产操作规程的管理

《安全生产法》第 36 条规定：生产经营单位应当教育和督促从业人员严格执行本单位的安全生产规章制度和安全操作规程；并向从业人员如实告知作业场所和工作岗位存在的危险因素、防范措施以及事故应急措施。

8）对施工现场的管理

《安全生产法》第 40 条规定：两个以上生产经营单位在同一作业区域内进行生产经营活动，可能危及对方生产安全的，应当签订安全生产管理协议，明确各自的安全生产管理职责和应当采取的安全措施，并指定专职安全生产管理人员进行安全检查与协调。

2. 从业人员的权利和义务的有关规定

（1）法规相关条文

《安全生产法》关于从业人员的权利和义务的条文是第 21 条、第 37 条、第 44～51 条。

（2）安全生产中从业人员的权利

生产经营单位的从业人员，是指该单位从事生产经营活动各项工作的所有人员，包括管理人员、技术人员和各岗位的工人，也包括生产经营单位临时聘用的人员。

生产经营单位的从业人员依法享有以下权利：

1）知情权。《安全生产法》第 45 条规定：从业人员享有了解其作业场所和工作岗位存在的危险因素、防范措施及事故应急措施的权利，以及对本单位的安全生产工作提出建议的权利。

2）批评权和检举、控告权。《安全生产法》第 46 条规定：从业人员享有对本单位安全生产工作中存在的问题提出批评、检举、控告的权利。

3）拒绝权。《安全生产法》第 46 条规定：从业人员享有拒绝违章指挥和强令冒险作业的权利。生产经营单位不得因从业人员对本单位安全生产工作提出批评、检举、控告或者拒绝违章指挥、强令冒险作业而降低其工资、福利等待遇或者解除与其订立的劳动合同。

4) 紧急避险权。《安全生产法》第47条规定：从业人员发现直接危及人身安全的紧急情况时，有权停止作业或者在采取可能的应急措施后撤离作业场所。生产经营单位不得因此而降低其工资、福利等待遇或者解除与其订立的劳动合同。

5) 请求赔偿权。《安全生产法》第48条规定：因生产安全事故受到损害的从业人员，除依法享有工伤社会保险外，依照有关民事法律尚有获得赔偿的权利的，有权向本单位提出赔偿要求。

《安全生产法》第44条规定：生产经营单位与从业人员订立的劳动合同，应当载明依法为从业人员办理工伤社会保险的事项。

第44条还规定：生产经营单位不得以任何形式与从业人员订立协议，免除或者减轻其对从业人员因生产安全事故伤亡依法应承担的责任。

6) 获得劳动防护用品的权利。《安全生产法》第37条规定：生产经营单位必须为从业人员提供符合国家标准或者行业标准的劳动防护用品，并监督、教育从业人员按照使用规则佩戴、使用。

7) 获得安全生产教育和培训的权利。《安全生产法》第21条规定：生产经营单位应当对从业人员进行安全生产教育和培训，保证从业人员具备必要的安全生产知识，熟悉有关的安全生产规章制度和安全操作规程，掌握本岗位的安全操作技能。

(3) 安全生产中从业人员的义务

1) 自律遵规的义务。《安全生产法》第49条规定：从业人员在作业过程中，应当严格遵守本单位的安全生产规章制度和操作规程，服从管理，正确佩戴和使用劳动防护用品。

2) 自觉学习安全生产知识的义务。《安全生产法》第50条规定：从业人员应当接受安全生产教育和培训，掌握本职工作所需的安全生产知识，提高安全生产技能，增强事故预防和应急处理能力。

3) 危险报告义务。《安全生产法》第51条规定：从业人员发现事故隐患或者其他不安全因素，应当立即向现场安全生产管理人员或者本单位负责人报告；接到报告的人员应当及时予以处理。

3. 安全生产监督管理的有关规定

(1) 法规相关条文

《安全生产法》关于安全生产监督管理的条文是第53～67条。

(2) 安全生产监督管理部门

根据《安全生产法》第9条和《建设工程安全生产管理条例》有关规定：国务院负责安全生产监督管理的部门对全国安全生产工作实施综合监督管理。国务院建设行政主管部门对全国建设工程安全生产实施监督管理。国务院铁路、交通、水利等有关部门按照国务院的职责分工，负责有关专业建设工程安全生产的监督管理。

(3) 安全生产监督管理措施

《安全生产法》第54条规定：对安全生产负有监督管理职责的部门（以下统称负有安全生产监督管理职责的部门）依照有关法律、法规的规定，对涉及安全生产的事项需要审查批准（包括批准、核准、许可、注册、认证、颁发证照等，下同）或者验收的，必须严格依照有关法律、法规和国家标准或者行业标准规定的安全生产条件和程序进行审查；不符合有关法律、法规和国家标准或者行业标准规定的安全生产条件的，不得批准或者验收通过。对未依法取得批准或者验收合格的单位擅自从事有关活动的，负责行政审批的部门发现或者接到举报后应当立即予以取缔，并依法予以处理。对已经依法取得批准的单位，负责行政审批的部门发现其不再具备安全生产条件的，应当撤销原批准。

（4）安全生产监督管理部门的职权

《安全生产法》第56条规定：负有安全生产监督管理职责的部门依法对生产经营单位执行有关安全生产的法律、法规和国家标准或者行业标准的情况进行监督检查，行使以下职权：

1）进入生产经营单位进行检查，调阅有关资料，向有关单位和人员了解情况。

2）对检查中发现的安全生产违法行为，当场予以纠正或者要求限期改正；对依法应当给予行政处罚的行为，依照本法和其他有关法律、行政法规的规定作出行政处罚决定。

3）对检查中发现的事故隐患，应当责令立即排除；重大事故隐患排除前或者排除过程中无法保证安全的，应当责令从危险区域内撤出作业人员，责令暂时停产停业或者停止使用；重大事故隐患排除后，经审查同意，方可恢复生产经营和使用。

4）对有根据认为不符合保障安全生产的国家标准或者行业标准的设施、设备、器材予以查封或者扣押，并应当在15日内依法作出处理决定。

监督检查不得影响被检查单位的正常生产经营活动。

（5）安全生产监督检查人员的义务

《安全生产法》第58条规定了安全生产监督检查人员的义务：

1）应当忠于职守，坚持原则，秉公执法；

2）执行监督检查任务时，必须出示有效的监督执法证件；

3）对涉及被检查单位的技术秘密和业务秘密，应当为其保密。

4. 安全事故应急救援与调查处理的规定

（1）法规相关条文

《安全生产法》关于生产安全事故的应急救援与调查处理的条文是第68～76条。

（2）生产安全事故的等级划分标准

国务院《生产安全事故报告和调查处理条例》规定：生产安全事故（以下简称事故）根据其造成的人员伤亡或者直接经济损失，一般分为以下等级：

1）特别重大事故，是指造成30人及以上死亡，或者100人及以上重伤（包括急性工业中毒，下同），或者1亿元及以上直接经济损失的事故；

2）重大事故，是指造成10人及以上30人以下死亡，或者50人及以上100人以下重伤，或者5000万元及以上1亿元以下直接经济损失的事故；

3）较大事故，是指造成3人及以上10人以下死亡，或者10人及以上50人以下重伤，或者1000万元及以上5000万元以下直接经济损失的事故；

4）一般事故，是指造成3人以下死亡，或者10人以下重伤，或者1000万元以下直接经济损失的事故。

(3) 施工生产安全事故报告

《安全生产法》第70~72条规定：生产经营单位发生生产安全事故后，事故现场有关人员应当立即报告本单位负责人。单位负责人接到事故报告后，应当按照国家有关规定立即如实报告当地负有安全生产监督管理职责的部门。负有安全生产监督管理职责的部门接到事故报告后，应当立即按照国家有关规定上报事故情况。

《建设工程安全生产管理条例》进一步规定：施工单位发生生产安全事故，应当按照国家有关伤亡事故报告和调查处理的规定，及时、如实地向负责安全生产监督管理的部门、建设行政主管部门或者其他有关部门报告；特种设备发生事故的，还应当同时向特种设备安全监督管理部门报告。实行施工总承包的建设工程，由总承包单位负责上报事故。

(4) 应急抢救工作

《安全生产法》第70条规定：单位负责人接到事故报告后，应当迅速采取有效措施，组织抢救，防止事故扩大，减少人员伤亡和财产损失。第72条规定：有关地方人民政府和负有安全生产监督管理职责的部门的负责人接到重大生产安全事故报告后，应当立即赶到事故现场，组织事故抢救。

(5) 事故的调查

《安全生产法》第73条规定：事故调查处理应当按照实事求是、尊重科学的原则，及时、准确地查清事故原因，查明事故性质和责任，总结事故教训，提出整改措施，并对事故责任者提出处理意见。

《生产安全事故报告和调查处理条例》规定了事故调查的管辖。特别重大事故由国务院或者国务院授权有关部门组织事故调查组进行调查。重大事故、较大事故、一般事故分别由事故发生地省级人民政府、设区的市级人民政府、县级人民政府负责调查。省级人民政府、设区的市级人民政府、县级人民政府可以直接组织事故调查组进行调查，也可以授权或者委托有关部门组织事故调查组进行调查。未造成人员伤亡的一般事故，县级人民政府也可以委托事故发生单位组织事故调查组进行调查。上级人民政府认为必要时，可以调查由下级人民政府负责调查的事故。特别重大事故以下等级事故，事故发生地与事故发生单位不在同一个县级以上行政区域的，由事故发生地人民政府负责调查，事故发生单位所在地人民政府应当派人参加。

（四）建设工程安全生产及质量管理条例

《建设工程安全生产管理条例》（以下简称《安全生产管理条例》）于2003年11月12日国务院第28次常务会议通过，自2004年2月1日起施行。《安全生产管理条例》包括总则，建设单位的安全责任，勘察、设计、工程监理及其他有关单位的安全责任，施工单位的安全责任，监督管理，生产安全事故的应急救援和调查处理，法律责任，附则8章，共71条。

《安全生产管理条例》的立法目的，是为了加强建设工程安全生产监督管理，保障人民群众生命和财产安全。

《建设工程质量管理条例》（以下简称《质量管理条例》）于2000年1月10日国务院第

25次常务会议通过，自2000年1月30日起施行。《质量管理条例》包括总则，建设单位的质量责任和义务，勘察、设计单位的质量责任和义务，施工单位的质量责任和义务，工程监理单位的质量责任和义务，建设工程质量保修，监督管理，罚则，附则9章，共82条。

《质量管理条例》的立法目的，是为了加强对建设工程质量的管理，保证建设工程质量，保护人民生命和财产安全。

1. 《安全生产管理条例》关于施工单位的安全责任的有关规定

（1）法规相关条文

《安全生产管理条例》关于施工单位的安全责任的条文是第20~38条。

（2）施工单位的安全责任

1）有关人员的安全责任

① 施工单位主要负责人

施工单位主要负责人不仅仅指法定代表人，而是指对施工单位全面负责、有生产经营决策权的人。

《安全生产管理条例》第21条规定：施工单位主要负责人依法对本单位的安全生产工作全面负责。具体包括：

A. 建立健全安全生产责任制度和安全生产教育培训制度；

B. 制定安全生产规章制度和操作规程；

C. 保证本单位安全生产条件所需资金的投入；

D. 对所承建的建设工程进行定期和专项安全检查，并做好安全检查记录。

② 施工单位的项目负责人

项目负责人主要指项目经理，在工程项目中处于中心地位。《安全生产管理条例》第二十一条规定，施工单位的项目负责人对建设工程项目的安全全面负责。鉴于项目负责人对安全生产的重要作用，该条同时规定施工单位的项目负责人应当由取得相应执业资格的人员担任。这里，"相应执业资格"目前指建造师执业资格。

根据《安全生产管理条例》第21条，项目负责人的安全责任主要包括：

A. 落实安全生产责任制度、安全生产规章制度和操作规程；

B. 确保安全生产费用的有效使用；

C. 根据工程的特点组织制定安全施工措施，消除安全事故隐患；

D 及时、如实报告生产安全事故。

③ 专职安全生产管理人员

《安全生产管理条例》第23条规定：施工单位应当设立安全生产管理机构，配备专职安全生产管理人员。专职安全生产管理人员是指经建设主管部门或者其他有关部门安全生产考核合格，并取得安全生产考核合格证书在企业从事安全生产管理工作的专职人员，包括施工单位安全生产管理机构的负责人及其工作人员和施工现场专职安全生产管理人员。

专职安全生产管理人员的安全责任主要包括：对安全生产进行现场监督检查。发现安全事故隐患，应当及时向项目负责人和安全生产管理机构报告；对于违章指挥、违章操作的，应当立即制止。

2) 总承包单位和分包单位的安全责任

《安全生产管理条例》第 24 条规定：建设工程实行施工总承包的，由总承包单位对施工现场的安全生产负总责。为了防止违法分包和转包等违法行为的发生，真正落实施工总承包单位的安全责任，该条进一步规定：总承包单位应当自行完成建设工程主体结构的施工。该条同时规定：总承包单位依法将建设工程分包给其他单位的，分包合同中应当明确各自的安全生产方面的权利、义务。总承包单位和分包单位对分包工程的安全生产承担连带责任。

但是，总承包单位与分包单位在安全生产方面的责任也不是固定不变的，需要视具体情况确定。《安全生产管理条例》第 24 条规定：分包单位应当服从总承包单位的安全生产管理，分包单位不服从管理导致生产安全事故的，由分包单位承担主要责任。

3) 安全生产教育培训

① 管理人员的考核

《安全生产管理条例》第 36 条规定：施工单位的主要负责人、项目负责人、专职安全生产管理人员应当经建设行政主管部门或者其他有关部门考核合格后方可任职。

② 作业人员的安全生产教育培训

A. 日常培训

《安全生产管理条例》第 36 条规定：施工单位应当对管理人员和作业人员每年至少进行一次安全生产教育培训，其教育培训情况记录到个人工作档案。安全生产教育培训考核不合格的人员，不得上岗。

B. 新岗位培训

《安全生产管理条例》第 37 条对新岗位培训作了两方面规定。一是作业人员进入新的岗位或者新的施工现场前，应当接受安全生产教育培训。未经教育培训或者教育培训考核不合格的人员，不得上岗作业；二是施工单位在采用新技术、新工艺、新设备、新材料时，应当对作业人员进行相应的安全生产教育培训。

③ 特种作业人员的专门培训

《安全生产管理条例》第 25 条规定：垂直运输机械作业人员、安装拆卸工、爆破作业人员、起重信号工、登高架设作业人员等特种作业人员，必须按照国家有关规定经过专门的安全作业培训，并取得特种作业操作资格证书后，方可上岗作业。

4) 施工单位应采取的安全措施

① 编制安全技术措施、施工现场临时用电方案和专项施工方案

《安全生产管理条例》第 26 条规定：施工单位应当在施工组织设计申编制安全技术措施和施工现场临时用电方案。同时规定：对下列达到一定规模的危险性较大的分部分项工程编制专项施工方案，并附具安全验算结果，经施工单位技术负责人、总监理工程师签字后实施，由专职安全生产管理人员进行现场监督：

A. 基坑支护与降水工程；

B. 土方开挖工程；

C. 模板工程；

D. 起重吊装工程；

E. 脚手架工程；

F. 拆除、爆破工程；

G. 国务院建设行政主管部门或者其他有关部门规定的其他危险性较大的工程。

② 安全施工技术交底

施工前的安全施工技术交底的目的，就是让所有的安全生产从业人员都对安全生产有所了解，最大限度避免安全事故的发生。因此，第27条规定：建设工程施工前，施工单位负责项目管理的技术人员应当对有关安全施工的技术要求向施工作业班组、作业人员作出详细说明，并由双方签字确认。

③ 施工现场安全警示标志的设置

《安全生产管理条例》第28条规定：施工单位应当在施工现场入口处、施工起重机械、临时用电设施、脚手架、出入通道口、楼梯口、电梯井口、孔洞口、桥梁口、隧道口、基坑边沿、爆破物及有害危险气体和液体存放处等危险部位，设置明显的安全警示标志。安全警示标志必须符合国家标准。

④ 施工现场的安全防护

《安全生产管理条例》第28条规定：施工单位应当根据不同施工阶段和周围环境及季节、气候的变化，在施工现场采取相应的安全施工措施。施工现场暂时停止施工的，施工单位应当做好现场防护，所需费用由责任方承担，或者按照合同约定执行。

⑤ 施工现场的布置应当符合安全和文明施工要求

《安全生产管理条例》第29条规定：施工单位应当将施工现场的办公、生活区与作业区分开设置，并保持安全距离；办公、生活区的选址应当符合安全性要求。职工的膳食、饮水、休息场所等应当符合卫生标准。施工单位不得在尚未竣工的建筑物内设置员工集体宿舍。

施工现场临时搭建的建筑物应当符合安全使用要求。施工现场使用的装配式活动房屋应当具有产品合格证。临时建筑物一般包括施工现场的办公用房、宿舍、食堂、仓库、卫生间等。

⑥ 对周边环境采取防护措施

《安全生产管理条例》第30条规定：施工单位对因建设工程施工可能造成损害的毗邻建筑物、构筑物和地下管线等，应当采取专项防护措施。施工单位应当遵守有关环境保护法律、法规的规定，在施工现场采取措施，防止或者减少粉尘、废气、废水、固体废物、噪声、振动和施工照明对人和环境的危害和污染。在城市市区内的建设工程，施工单位应当对施工现场实行封闭围挡。

⑦ 施工现场的消防安全措施

《安全生产管理条例》第31条规定：施工单位应当在施工现场建立消防安全责任制度，确定消防安全责任人，制定用火、用电、使用易燃易爆材料等各项消防安全管理制度和操作规程，设置消防通道、消防水源，配备消防设施和灭火器材，并在施工现场入口处设置明显标志。

⑧ 安全防护设备管理

《安全生产管理条例》第33条规定：作业人员应当遵守安全施工的强制性标准、规章制度和操作规程，正确使用安全防护用具、机械设备等。

《安全生产管理条例》第34条规定：施工单位采购、租赁的安全防护用具、机械设备、施工机具及配件，应当具有生产（制造）许可证、产品合格证，并在进入施工现场前进行查验；施工现场的安全防护用具、机械设备、施工机具及配件必须由专人管理，定期进行检查、维修和保养，建立相应的资料档案，并按照国家有关规定及时报废。

⑨ 起重机械设备管理

《安全生产管理条例》第35条对起重机械设备管理作了如下规定：

A. 施工单位在使用施工起重机械和整体提升脚手架、模板等自升式架设设施前，应当组织有关单位进行验收，也可以委托具有相应资质的检验检测机构进行验收；使用承租的机械设备和施工机具及配件的，由施工总承包单位、分包单位、出租单位和安装单位共同进行验收。验收合格的方可使用。

B. 《特种设备安全监察条例》规定的施工起重机械，在验收前应当经有相应资质的检验检测机构监督检验合格。这里"作为特种设备的施工起重机械"是指"涉及生命安全、危险性较大的"起重机械。

C. 施工单位应当自施工起重机械和整体提升脚手架、模板等自升式架设设施验收合格之日起30日内，向建设行政主管部门或者其他有关部门登记。登记标志应当置于或者附着于该设备的显著位置。

⑩ 办理意外伤害保险

《安全生产管理条例》第38条规定：施工单位应当为施工现场从事危险作业的人员办理意外伤害保险。同时还规定：意外伤害保险费由施工单位支付。实行施工总承包的，由总承包单位支付意外伤害保险费。意外伤害保险期限自建设工程开工之日起至竣工验收合格止。

2.《质量管理条例》关于施工单位的质量责任和义务的有关规定

（1）法规相关条文

《质量管理条例》关于施工单位的质量责任和义务的条文是第25～33条。

（2）施工单位的质量责任和义务

1）依法承揽工程

《质量管理条例》第25条规定：施工单位应当依法取得相应等级的资质证书，并在其资质等级许可的范围内承揽工程。

禁止施工单位超越本单位资质等级许可的业务范围或者以其他施工单位的名义承揽工程。禁止施工单位允许其他单位或者个人以本单位的名义承揽工程。施工单位不得转包或者违法分包工程。

2）建立质量保证体系

《质量管理条例》第26条规定：施工单位对建设工程的施工质量负责。施工单位应当建立质量责任制，确定工程项目的项目经理、技术负责人和施工管理负责人。

建设工程实行总承包的，总承包单位应当对全部建设工程质量负责；建设工程勘察、设计、施工、设备采购的一项或者多项实行总承包的，总承包单位应当对其承包的建设工程或者采购的设备的质量负责。

《质量管理条例》第27条规定：总承包单位依法将建设工程分包给其他单位的，分包单位应当按照分包合同的约定对其分包工程的质量向总承包单位负责，总承包单位与分包单位对分包工程的质量承担连带责任。

3）按图施工

《质量管理条例》第28条规定：施工单位必须按照工程设计图纸和施工技术标准施工，不得擅自修改工程设计，不得偷工减料。但是，施工单位在施工过程中发现设计文件和图纸有差错的，应当及时提出意见和建议。

4）对建筑材料、构配件和设备进行检验的责任

《质量管理条例》第29条规定：施工单位必须按照工程设计要求、施工技术标准和合同约定，对建筑材料、建筑构配件、设备和商品混凝土进行检验，检验应当有书面记录和专人签字；未经检验或者检验不合格的，不得使用。

5）对施工质量进行检验的责任

《质量管理条例》第30条规定：施工单位必须建立、健全施工质量的检验制度，严格工序管理，做好隐蔽工程的质量检查和记录。隐蔽工程在隐蔽前，施工单位应当通知建设单位和建设工程质量监督机构。

6）见证取样

在工程施工过程中，为了控制工程施工质量，需要依据有关技术标准和规定的方法，对用于工程的材料和构件抽取一定数量的样品进行检测，并根据检测结果判断其所代表部位的质量。《质量管理条例》第31条规定：施工人员对涉及结构安全的试块、试件以及有关材料，应当在建设单位或者工程监理单位监督下现场取样，并送具有相应资质等级的质量检测单位进行检测。

7）保修

《质量管理条例》第32条：施工单位对施工中出现质量问题的建设工程或者竣工验收不合格的建设工程，应当负责返修。

在建设工程竣工验收合格前，施工单位应对质量问题履行返修义务；建设工程竣工验收合格后，施工单位应对保修期内出现的质量问题履行保修义务。《合同法》第281条对施工单位的返修义务也有相应规定：因施工人原因致使建设工程质量不符合约定的，发包人有权要求施工人在合理期限内无偿修理或者返工、改建。经过修理或者返工、改建后，造成逾期交付的，施工人应当承担违约责任。返修包括修理和返工。

（五）劳动法及劳动合同法

《中华人民共和国劳动法》（以下简称《劳动法》）于1994年7月5日第八届全国人民代表大会常务委员会第八次会议通过，自1995年1月1日起施行。

《劳动法》分为总则、促进就业、劳动合同和集体合同、工作时间和休息休假、工资、劳动安全卫生、女职工和未成年工特殊保护、职业培训、社会保险和福利、劳动争议、监督检查、法律责任、附则13章，共107条。

《劳动法》的立法目的，是为了保护劳动者的合法权益，调整劳动关系，建立和维护适应社会主义市场经济的劳动制度，促进经济发展和社会进步。

《中华人民共和国劳动合同法》（以下简称《劳动合同法》）于2007年6月29日第十届全国人民代表大会常务委员会第二十八次会议通过，自2008年1月1日起施行。2012年12月28日第十一届全国人民代表大会第十三次会议通过了《全国人民代表大会关于修改〈中华人民共和国劳动方法〉的决定》，修改后的劳动法自2013年7月1日起实施。《劳动合同法》包括总则、劳动合同的订立、劳动合同的履行和变更、劳动合同的解除和终止、特别规定、监督检查、法律责任、附则8章，共98条。

《劳动合同法》的立法目的，是为了完善劳动合同制度，明确劳动合同双方当事人的权利和义务，保护劳动者的合法权益，构建和发展和谐稳定的劳动关系。

《劳动合同法》在《劳动法》的基础上，对劳动合同的订立、履行、终止等内容作出了更为详尽的规定。

1. 《劳动法》、《劳动合同法》关于劳动合同的有关规定

（1）法规相关条文

《劳动法》关于劳动合同的条文是第16～32条。

《劳动合同法》关于劳动合同的条文是第7～50条。

（2）劳动合同的概念

劳动合同是劳动者与用人单位确立劳动关系、明确双方权利和义务的协议。这里的劳动关系，是指劳动者与用人单位（包括各类企业、个体工商户、事业单位等）在实现劳动过程中建立的社会经济关系。

劳动合同分为固定期限劳动合同、无固定期限劳动合同和以完成一定工作任务为期限的劳动合同。固定期限劳动合同是指用人单位与劳动者约定合同终止时间的劳动合同。无固定期限劳动合同是指用人单位与劳动者约定无确定终止时间的劳动合同。以完成一定工作任务为期限的劳动合同是指用人单位与劳动者约定以某项工作的完成为合同期限的劳动合同。

（3）劳动合同的订立

1）劳动合同当事人

《劳动法》第16条规定：劳动合同的当事人为用人单位和劳动者。

《中华人民共和国劳动合同法实施条例》进一步规定：劳动合同法规定的用人单位设立的分支机构，依法取得营业执照或者登记证书的，可以作为用人单位与劳动者订立劳动合同；未依法取得营业执照或者登记证书的，受用人单位委托可以与劳动者订立劳动合同。

2）劳动合同的类型

劳动合同分为以下三种类型：一是固定期限劳动合同，即用人单位与劳动者约定合同终止时间的劳动合同；二是以完成一定工作任务为期限的劳动合同，即用人单位与劳动者约定以某项工作的完成为合同期限的劳动合同；三是无固定期限劳动合同，即用人单位与劳动者约定无明确终止时间的劳动合同。

有下列情形之一，劳动者提出或者同意续订、订立劳动合同的，除劳动者提出订立固定期限劳动合同外，应当订立无固定期限劳动合同：

① 劳动者在该用人单位连续工作满 10 年的；

② 用人单位初次实行劳动合同制度或者国有企业改制重新订立劳动合同时，劳动者在该用人单位连续工作满 10 年且距法定退休年龄不足 10 年的；

③ 连续订立两次固定期限劳动合同，且劳动者没有《劳动合同法》第 39 条（即用人单位可以解除劳动合同的条件）和第 40 条第 1 项、第 2 项规定（即劳动者患病或者非因工负伤，在规定的医疗期满后不能从事原工作，也不能从事由用人单位另行安排的工作的；劳动者不能胜任工作，经过培训或者调整工作岗位，仍不能胜任工作的）的情形，续订劳动合同的。

若劳动者依据此处的规定提出订立无固定期限劳动合同的，用人单位应当与其订立无固定期限劳动合同。对劳动合同的内容，双方应当按照合法、公平、平等自愿、协商一致、诚实信用的原则协商确定。

劳动者非因本人原因从原用人单位被安排到新用人单位工作的，劳动者在原用人单位的工作年限合并计算为新用人单位的工作年限。原用人单位已经向劳动者支付经济补偿的，新用人单位在依法解除、终止劳动合同计算支付经济补偿的工作年限时，不再计算劳动者在原用人单位的工作年限。

3）订立劳动合同的时间限制

《劳动合同法》第 19 条规定：建立劳动关系，应当订立书面劳动合同。已建立劳动关系，未同时订立书面劳动合同的，应当自用工之日起一个月内订立书面劳动合同。

因劳动者的原因未能订立劳动合同的，自用工之日起一个月内，经用人单位书面通知后，劳动者不与用人单位订立书面劳动合同的，用人单位应当书面通知劳动者终止劳动关系，无需向劳动者支付经济补偿，但是应当依法向劳动者支付其实际工作时间的劳动报酬。

因用人单位的原因未能订立劳动合同的，用人单位自用工之日起超过一个月不满一年未与劳动者订立书面劳动合同的，应当依照劳动合同法第 82 条的规定向劳动者每月支付两倍的工资，并与劳动者补订书面劳动合同；劳动者不与用人单位订立书面劳动合同的，用人单位应当书面通知劳动者终止劳动关系，并依照劳动合同法第 47 条的规定支付经济补偿。

4）劳动合同的生效

劳动合同由用人单位与劳动者协商一致，并经用人单位与劳动者在劳动合同文本上签字或者盖章生效。

劳动合同文本由用人单位和劳动者各执一份。

（4）劳动合同的条款

《劳动法》第 19 条规定：劳动合同应当具备以下条款：

1）用人单位的名称、住所和法定代表人或者主要负责人；

2）劳动者的姓名、住址和居民身份证或其他有效身份证件号码；

3）劳动合同期限；

4）工作内容和工作地点；

5）工作时间和休息休假；

6）劳动报酬；

7）社会保险；

8）劳动保护、劳动条件和职业危害防护；

9）法律、法规规定应当纳入劳动合同的其他事项。

劳动合同除前款规定的必备条款外，用人单位与劳动者可以约定试用期、培训、保守秘密、补充保险和福利待遇等其他事项。

《劳动合同法》第19条规定：劳动合同对劳动报酬和劳动条件等标准约定不明确，引发争议的，用人单位与劳动者可以重新协商；协商不成的，适用集体合同规定；没有集体合同或者集体合同未规定劳动报酬的，实行同工同酬；没有集体合同或者集体合同未规定劳动条件等标准的，适用国家有关规定。

（5）试用期

1）试用期的最长时间

《劳动法》第21条规定：试用期最长不得超过6个月。

《劳动合同法》第19条进一步明确：劳动合同期限3个月以上未满1年的，试用期不得超过1个月；劳动合同期限1年以上不满3年的，试用期不得超过2个月；3年以上固定期限和无固定期限的劳动合同，试用期不得超过6个月。

2）试用期的次数限制

《劳动合同法》第19条规定：同一用人单位与同一劳动者只能约定一次试用期。

以完成一定工作任务为期限的劳动合同或者劳动合同期限不满3个月的，不得约定试用期。

试用期包含在劳动合同期限内。劳动合同仅约定试用期的，试用期不成立，该期限为劳动合同期限。

3）试用期内的最低工资

《劳动合同法》第20条规定：劳动者在试用期的工资不得低于本单位相同岗位最低档工资或者劳动合同约定工资的80%，并不得低于用人单位所在地的最低工资标准。

《中华人民共和国劳动合同法实施条例》对此作进一步明确：劳动者在试用期的工资不得低于本单位相同岗位最低档工资的80%或者不得低于劳动合同约定工资的80%，并不得低于用人单位所在地的最低工资标准。

4）试用期内合同解除条件的限制

在试用期中，除劳动者有《劳动合同法》第39条（即用人单位可以解除劳动合同的条件）和第40条第1项、第2项（即劳动者患病或者非因工负伤，在规定的医疗期满后不能从事原工作，也不能从事由用人单位另行安排的工作的；劳动者不能胜任工作，经过培训或者调整工作岗位，仍不能胜任工作的）规定的情形外，用人单位不得解除劳动合同。用人单位在试用期解除劳动合同的，应当向劳动者说明理由。

（6）劳动合同的无效

《劳动合同法》第26条规定，下列劳动合同无效或者部分无效：

1）以欺诈、胁迫的手段或者乘人之危，使对方在违背真实意思的情况下订立或者变更劳动合同的；

2) 用人单位免除自己的法定责任、排除劳动者权利的;

3) 违反法律、行政法规强制性规定的。

对劳动合同的无效或者部分无效有争议的,由劳动争议仲裁机构或者人民法院确认。

劳动合同部分无效,不影响其他部分效力的,其他部分仍然有效。

劳动合同被确认无效,劳动者已付出劳动的,用人单位应当向劳动者支付劳动报酬。劳动报酬的数额,参照本单位相同或者相近岗位劳动者的劳动报酬确定。

(7) 劳动合同的变更

用人单位变更名称、法定代表人、主要负责人或者投资人等事项,不影响劳动合同的履行。

用人单位发生合并或者分立等情况,原劳动合同继续有效,劳动合同由承继其权利和义务的用人单位继续履行。

用人单位与劳动者协商一致,可以变更劳动合同约定的内容。变更劳动合同,应当采用书面形式。

变更后的劳动合同文本由用人单位和劳动者各执一份。

(8) 劳动合同的解除

用人单位与劳动者协商一致,可以解除劳动合同。用人单位向劳动者提出解除劳动合同并与劳动者协商一致解除劳动合同的,用人单位应当向劳动者给予经济补偿。

劳动者提前 30 日以书面形式通知用人单位,可以解除劳动合同。劳动者在试用期内提前 3 日通知用人单位,可以解除劳动合同。

1) 劳动者解除劳动合同的情形

《劳动合同法》第 38 条规定:用人单位有下列情形之一的,劳动者可以解除劳动合同,用人单位应当向劳动者支付经济补偿:

① 未按照劳动合同约定提供劳动保护或者劳动条件的;

② 未及时足额支付劳动报酬的;

③ 未依法为劳动者缴纳社会保险费的;

④ 用人单位的规章制度违反法律、法规的规定,损害劳动者权益的;

⑤ 因《劳动合同法》第 26 条第 1 款(即:以欺诈、胁迫的手段或者乘人之危,使对方在违背真实意思的情况下订立或者变更劳动合同的)规定的情形致使劳动合同无效的;

⑥ 法律、行政法规规定劳动者可以解除劳动合同的其他情形。

用人单位以暴力、威胁或者非法限制人身自由的手段强迫劳动者劳动的,或者用人单位违章指挥、强令冒险作业危及劳动者人身安全的,劳动者可以立即解除劳动合同,不需事先告知用人单位。

2) 用人单位可以解除劳动合同的情形

除用人单位与劳动者协商一致,用人单位可以与劳动者解除合同外,如遇下列情形,用人单位也可以与劳动者解除合同。

① 随时解除

《劳动合同法》第 39 条规定,劳动者有下列情形之一的,用人单位可以解除劳动合同:

A. 在试用期间被证明不符合录用条件的;

B. 严重违反用人单位的规章制度的;

C. 严重失职,营私舞弊,给用人单位造成重大损害的;

D. 劳动者同时与其他用人单位建立劳动关系,对完成本单位的工作任务造成严重影响,或者经用人单位提出,拒不改正的;

E. 因《劳动合同法》第 26 条第 1 款第 1 项(即:以欺诈、胁迫的手段或者乘人之危,使对方在违背真实意思的情况下订立或者变更劳动合同的)规定的情形致使劳动合同无效的;

F. 被依法追究刑事责任的。

② 预告解除

《劳动合同法》第 40 条规定:有下列情形之一的,用人单位提前 30 日以书面形式通知劳动者本人或者额外支付劳动者 1 个月工资后,可以解除劳动合同,用人单位应当向劳动者支付经济补偿:

A. 劳动者患病或者非因工负伤,在规定的医疗期满后不能从事原工作,也不能从事由用人单位另行安排的工作的;

B. 劳动者不能胜任工作,经过培训或者调整工作岗位,仍不能胜任工作的;

C. 劳动合同订立时所依据的客观情况发生重大变化,致使劳动合同无法履行,经用人单位与劳动者协商,未能就变更劳动合同内容达成协议的。

用人单位依照此规定,选择额外支付劳动者 1 个月工资解除劳动合同的,其额外支付的工资应当按照该劳动者上 1 个月的工资标准确定。

③ 经济性裁员

《劳动合同法》第 41 条规定:有下列情形之一,需要裁减人员 20 人以上或者裁减不足 20 人但占企业职工总数 10% 以上的,用人单位提前 30 日向工会或者全体职工说明情况,听取工会或者职工的意见后,裁减人员方案经向劳动行政部门报告,可以裁减人员,用人单位应当向劳动者支付经济补偿:

A. 依照企业破产法规定进行重整的;

B. 生产经营发生严重困难的;

C. 企业转产、重大技术革新或者经营方式调整,经变更劳动合同后,仍需裁减人员的;

D. 其他因劳动合同订立时所依据的客观经济情况发生重大变化,致使劳动合同无法履行的。

④ 用人单位不得解除劳动合同的情形

《劳动合同法》第 42 条规定:劳动者有下列情形之一的,用人单位不得依照本法第 40 条、第 41 条的规定解除劳动合同:

A. 从事接触职业病危害作业的劳动者未进行离岗前职业健康检查,或者疑似职业病病人在诊断或者医学观察期间的;

B. 在本单位患职业病或因工负伤并被确认丧失或者部分丧失劳动能力的;

C. 患病或者非因工负伤,在规定的医疗期内的;

D. 女职工在孕期、产期、哺乳期的;

E. 在本单位连续工作满 15 年,且距法定退休年龄不足 5 年的;

F. 法律、行政法规规定的其他情形。

(9) 劳动合同终止

《劳动合同法》规定,有下列情形之一的,劳动合同终止。用人单位与劳动者不得在劳动合同法规定的劳动合同终止情形之外约定其他的劳动合同终止条件:

1) 劳动者达到法定退休年龄的,劳动合同终止。

2) 劳动合同期满的。除用人单位维持或者提高劳动合同约定条件续订劳动合同,劳动者不同意续订的情形外,依照本项规定终止固定期限劳动合同的,用人单位应当向劳动者支付经济补偿。

3) 劳动者开始依法享受基本养老保险待遇的。

4) 劳动者死亡,或者被人民法院宣告死亡或者宣告失踪的。

5) 用人单位被依法宣告破产的;依照本项规定终止劳动合同的,用人单位应当向劳动者支付经济补偿。

6) 用人单位被吊销营业执照、责令关闭、撤销或者用人单位决定提前解散的;依照本项规定终止劳动合同的,用人单位应当向劳动者支付经济补偿。

7) 法律、行政法规规定的其他情形。

2. 《劳动法》关于劳动安全卫生的有关规定

(1) 法规相关条文

《劳动法》关于劳动安全卫生的条文是第 52~57 条。

(2) 劳动安全卫生

劳动安全卫生又称劳动保护,是指直接保护劳动者在劳动中的安全和健康的法律保护。

根据《劳动法》的有关规定,用人单位和劳动者应当遵守如下有关劳动安全卫生的法律规定:

1) 用人单位必须建立、健全劳动安全卫生制度,严格执行国家劳动安全卫生规程和标准,对劳动者进行劳动安全卫生教育,防止劳动过程中的事故,减少职业危害。

2) 劳动安全卫生设施必须符合国家规定的标准。

新建、改建、扩建工程的劳动安全卫生设施必须与主体工程同时设计、同时施工、同时投入生产和使用。

3) 用人单位必须为劳动者提供符合国家规定的劳动安全卫生条件和必要的劳动防护用品,对从事有职业危害作业的劳动者应当定期进行健康检查。

4) 从事特种作业的劳动者必须经过专门培训并取得特种作业资格。

5) 劳动者在劳动过程中必须严格遵守安全操作规程。劳动者对用人单位管理人员违章指挥、强令冒险作业,有权拒绝执行;对危害生命安全和身体健康的行为,有权提出批评、检举和控告。

二、工 程 材 料

工程材料有多种分类方法。按化学成分分类见表 2-1 所列。

工程材料按化学成分分类　　　　　表 2-1

分 类			举 例
无机材料	非金属材料	天然石材	砂子、石子、各种岩石加工的石材等
		烧土制品	黏土砖、瓦、空心砖、陶瓷马赛克、瓷器等
		胶凝材料	石灰、石膏、水玻璃、水泥等
		玻璃及熔融制品	玻璃、玻璃棉、岩棉、铸石等
		混凝土及硅酸盐制品	普通混凝土、砂浆及硅酸盐制品等
	金属材料	黑色金属	钢、铁、不锈钢等
		有色金属	铝、铜等及其合金
有机材料	植物材料		木材、竹材、植物纤维及其制品
	沥青材料		石油沥青、煤沥青、沥青制品
	合成高分子材料		塑料、涂料、胶粘剂、合成橡胶等
复合材料	金属材料与非金属材料复合		钢筋混凝土、预应力混凝土、钢纤维混凝土等
	非金属材料与有机材料复合		玻璃纤维增强塑料、聚合物混凝土、沥青混合料、水泥刨花板等
	金属材料与有机材料复合		轻质金属夹心板

（一）无机胶凝材料

1. 无机胶凝材料的分类及特性

胶凝材料也称为胶结材料，是用来把块状、颗粒状或纤维状材料粘结为整体的材料。无机胶凝材料也称矿物胶凝材料，是胶凝材料的一大类别，其主要成分是无机化合物，如水泥、石膏、石灰等均属无机胶凝材料。

按照硬化条件的不同，无机胶凝材料分为气硬性胶凝材料和水硬性胶凝材料两类。前者如石灰、石膏、水玻璃等，后者如水泥。

气硬性胶凝材料只能在空气中凝结、硬化、保持和发展强度，一般只适用于干燥环境，不宜用于潮湿环境与水中。

水硬性胶凝材料既能在空气中硬化，也能在水中凝结、硬化、保持和发展强度，既适用于干燥环境，又适用于潮湿环境与水中工程。

2. 通用水泥的特性及应用

水泥是一种加水拌合成塑性浆体，能胶结砂、石等材料，并能在空气和水中硬化的粉状水硬性胶凝材料。

水泥的品种很多。用于一般土木建筑工程的水泥为通用水泥，系通用硅酸盐水泥的简称，是以硅酸盐水泥熟料和适量的石膏，以及规定的混合材料制成的水硬性胶凝材料。通用水泥的品种、特性及应用范围见表2-2所列。

通用水泥的品种、特性及应用范围　　　　表 2-2

名称	硅酸盐水泥	普通硅酸盐水泥	矿渣硅酸盐水泥	火山灰质硅酸盐水泥	粉煤灰硅酸盐水泥	复合硅酸盐水泥
主要特性	1. 早期强度高； 2. 水化热高； 3. 抗冻性好； 4. 耐热性差； 5. 耐腐蚀性差； 6. 干缩小； 7. 抗碳化性好	1. 早期强度较高； 2. 水化热较高； 3. 抗冻性较好； 4. 耐热性较差； 5. 耐腐蚀性较差； 6. 干缩性较小； 7. 抗碳化性较好	1. 早期强度低，后期强度高； 2. 水化热较低； 3. 抗冻性较差； 4. 耐热性较好； 5. 耐腐蚀性好； 6. 干缩性较大； 7. 抗碳化性较差； 8. 抗渗性差	1. 早期强度低，后期强度高； 2. 水化热较低； 3. 抗冻性较差； 4. 耐热性较差； 5. 耐腐蚀性好； 6. 干缩性大； 7. 抗碳化性较差； 8. 抗渗性好	1. 早期强度低，后期强度高； 2. 水化热较低； 3. 抗冻性较差； 4. 耐热性较差； 5. 耐腐蚀性好； 6. 干缩性小； 7. 抗碳化性较差； 8. 抗裂性好	1. 早期强度稍低； 2. 其他性能同矿渣硅酸盐水泥
适用范围	1. 高强混凝土及预应力混凝土工程； 2. 早期强度要求高的工程及冬期施工的工程； 3. 严寒地区遭受反复冻融作用的混凝土工程	与硅酸盐水泥基本相同	1. 大体积混凝土工程； 2. 高温车间和有耐热要求的混凝土结构； 3. 蒸汽养护的构件； 4. 耐腐蚀要求高的混凝土工程	1. 地下、水中大体积混凝土结构； 2. 有抗渗要求的工程； 3. 蒸汽养护的构件； 4. 耐腐蚀要求高的混凝土工程	1. 地上、地下及水中大体积混凝土结构； 2. 蒸汽养护的构件； 3. 抗裂性要求较高的构件； 4. 耐腐蚀要求高的混凝土工程	可参照矿渣硅酸盐水泥、火山灰质硅酸盐水泥、粉煤灰硅酸盐水泥，但其性能受所用混合材料性能的影响，所以使用时应针对工程的性质加以选用

（二）混凝土及砂浆

1. 混凝土的分类、组成材料及特性

（1）混凝土的分类

混凝土是以胶凝材料、粗细骨料及其他外掺材料按适当比例拌制、成型、养护、硬化而成的人工石材。通常将水泥、矿物掺合材料、粗细骨料、水和外加剂按一定的比例配制而成的、干表观密度为 2000～2800kg/m³ 的混凝土称为普通混凝土。

普通混凝土可以从不同角度进行分类。

1）按用途分为结构混凝土、抗渗混凝土、抗冻混凝土、大体积混凝土、水工混凝土、耐热混凝土、耐酸混凝土、装饰混凝土等。

2) 按强度等级分为普通强度混凝土（＜C60）、高强混凝（≥C60）、超高强混凝土（≥C100）。

3) 按施工工艺分为喷射混凝土、泵送混凝土、碾压混凝土、压力灌浆混凝土、离心混凝土、真空脱水混凝土。

普通混凝土广泛用于建筑、桥梁、道路、水利、码头、海洋等工程。

(2) 普通混凝土的组成材料

普通混凝土的组成材料有水泥、砂子、石子、水、外加剂或掺合料。前四种材料是组成混凝土所必需的材料，后两种材料可根据混凝土性能的需要有选择性地添加。

1) 水泥

水泥是混凝土组成材料中最重要的材料，也是影响混凝土强度、耐久性最重要的影响因素。

水泥品种应根据工程性质与特点、所处的环境条件及施工所处条件及水泥特性合理选择。配制一般的混凝土可以选用硅酸盐水泥、普通硅酸盐水泥、矿渣硅酸盐水泥、火山灰质硅酸盐水泥及粉煤灰硅酸水泥、复合硅酸盐水泥等通用水泥。

水泥强度等级的选择应根据混凝土强度的要求来确定，低强度混凝土应选择低强度等级的水泥，高强度混凝土应选择高强度等级的水泥。一般情况下，中、低强度的混凝土（≤C30），水泥强度等级为混凝土强度等级的 1.5～2.0 倍；高强度混凝土，水泥强度等级与混凝土强度等级之比可小于 1.5，但不能低于 0.8。

2) 细骨料

细骨料是指公称直径小于 5.00mm 的岩石颗粒，通常称为砂。根据生产过程特点不同，砂可分为天然砂、人工砂和混合砂。天然砂包括河砂、湖砂、山砂和海砂。混合砂是天然砂与人工砂按一定比例组合而成的砂。

配制混凝土的砂子要求清洁不含杂质。

3) 粗骨料

粗骨料是指公称直径大于 5.00mm 的岩石颗粒，通常称为石子。其中天然形成的石子称为卵石，人工破碎而成的石子称为碎石。

粗骨料的最大粒径、颗粒级配、强度、坚固性、针片状颗粒含量、含泥量和泥块含量、有害物质含量应符合国家标准规定。

4) 水

混凝土用水包括混凝土拌制用水和养护用水。按水源不同分为饮用水、地表水、地下水、海水及经处理过的工业废水。地表水和地下水常溶有较多的有机质和矿物盐类；海水中含有较多硫酸盐，会降低混凝土后期强度，且影响抗冻性，同时，海水中含有大量氯盐，对混凝土中钢筋锈蚀有加速作用。

混凝土用水应优先采用符合国家标准的饮用水。在节约用水，保护环境的原则下，鼓励采用检验合格的中水（净化水）拌制混凝土。

(3) 混凝土的特性

混凝土被广泛的应用于建筑工程、道路桥梁工程、水利工程等工程建设领域，既可用于大气中，也可用于地下；既可用于陆地，也可用于水中；既能用于热带，还可用于寒带。之所以如此，与其特性是分不开的。

1) 强度高。硬化后的混凝土具有较高的强度，与天然石材一样坚硬、耐磨、耐风化和经久耐用，而且根据需要可以配制成强度等物理力学性质不同的材料，以满足工程的不同要求。

2) 可塑性好。未凝固的混凝土拌合物是流塑体，具有良好的可塑性，因而可以根据建筑物的要求，浇制成各种形状和不同尺寸的构件或结构物。

3) 复合力强。混凝土与其他材料的复合力强，可以与钢筋复合成钢筋混凝土，与各种纤维复合成纤维混凝土，与树脂复合成聚合物混凝土。

4) 耐火性好。混凝土具有很好的耐火性。在钢筋混凝土中，由于钢筋得到了混凝土保护层的保护，其耐火能力要比钢结构强。

5) 成本低廉。组成混凝土的原材料中，占总量85%～90%的是砂和石，它们可就地取材，成本低。水泥的原料主要是石灰石和黏土，也极为丰富。

6) 非均匀性。混凝土是一种非均质材料，抗压强度高，抗冲击、抗折、抗拉强度低，但这一缺陷可以采用钢筋混凝土或与其他材料复合来弥补改善。

7) 施工工期长。混凝土浇灌后，需要在一定的温度条件下，经过相当长时间的养护硬化才可能具有一定的强度。在正常情况下，需经28d才能达到设计强度，并承受外荷载。在冬期施工时，还应采取相应的保温、促凝措施，才能保证强度增长。

8) 干缩、徐变大。混凝土拌合物在干燥的大气中硬化会产生收缩，如果混凝土的收缩值大于其极限收缩值，就会使结构物产生裂缝。混凝土在荷载的长期作用下，顺着荷载的作用方向，会产生塑性变形，而且要经过很长时间变形才会稳定，对于预应力混凝土结构物，将会引起预应力的损失。

9) 水化热高。水泥在水化过程中会产生水化热。对于大体积混凝土，由于水化热会产生温度应力，当温度应力超过一定范围时，就会使混凝土产生裂缝。

10) 密度大。普通混凝土的密度较大，一般都达到 2400kg/m³ 以上。

2. 砂浆的分类、组成材料及特性

(1) 砂浆的分类及特性

砂浆是由胶凝材料、细骨料、掺加料和水配制而成的建筑工程材料。

根据所用胶凝材料的不同，砂浆可分为水泥砂浆、石灰砂浆和混合砂浆（包括水泥石灰砂浆、水泥黏土砂浆、石灰黏土砂浆、石灰粉煤灰砂浆等）等。根据用途又分为砌筑砂浆和抹面砂浆。抹面砂浆包括普通抹面砂浆、装饰抹面砂浆、特种砂浆（如防水砂浆、耐酸砂浆、绝热砂浆、吸声砂浆等）。

水泥砂浆强度高、耐久性和耐火性好，但其流动性和保水性差，施工相对较困难，常用于地下结构或经常受水侵蚀的砌体部位。

混合砂浆强度较高，且耐久性、流动性和保水性均较好，便于施工，容易保证施工质量，是砌体结构房屋中常用的砂浆。

石灰砂浆强度较低，耐久性差，但流动性和保水性较好，可用于砌筑较干燥环境下的砌体。黏土石灰砂浆强度低，耐久性差，一般用于临时建筑或简易房屋中。

(2)砂浆的组成材料

砂浆的组成材料包括胶凝材料、细骨料、掺加料和水。

1）胶凝材料

砂浆的胶凝材料主要包括水泥、石灰和石膏。

砌筑砂浆主要的胶凝材料是水泥，常用的水泥种类有通用硅酸盐水泥或砌筑水泥。砌筑砂浆用水泥的强度等级应根据砂浆品种及强度等级的要求进行选择。M15及以下强度等级的砌筑砂浆宜选用32.5级通用硅酸盐水泥或砌筑水泥；M15以上强度等级的砌筑砂浆宜选用42.5级通用硅酸盐水泥。

2）细骨料

砌筑砂浆常用的细骨料为普通砂。除毛石砌体宜选用粗砂外，其他一般宜选用中砂。

3）水

拌合砂浆用水应符合现行行业标准《混凝土用水标准》JGJ 63—2006的规定。应选用不含有害杂质的洁净水来拌制砂浆。

4）掺加料

为了改善砂浆的和易性和节约水泥，可在砂浆中加入一些无机掺加料，如石灰膏、电石膏、粉煤灰等。

5）外加剂

为了使砂浆具有良好的和易性及其他施工性能，可在砂浆中掺入某些外加剂，如有机塑化剂、引气剂、早强剂、缓凝剂、防冻剂等。

（三）石材、砖和砌块

1. 砌筑用石材的分类及应用

石材按加工后的外形规则程度分为料石和毛石两类。而料石又可分为细料石、粗料石和毛料石。

细料石通过细加工、外形规则，叠砌面凹入深度不应大于10mm，截面的宽度、高度不应小于200mm，且不应小于长度的1/4。

粗料石规格尺寸同细料石，但叠砌面凹入深度不应大于20mm。

毛料石外形大致方正，一般不加工或稍加修整，高度不应小于200mm，叠砌面凹入深度不应大于25mm。

毛石指形状不规则，中部厚度不小于200mm的石材。

石材抗压强度高，抗冻性、抗水性及耐久性均较好，主要用于建筑物基础、挡土墙等，也可用于建筑物墙体。

2. 砖的分类及应用

砌墙砖按规格、孔洞率及孔的大小，分为普通砖、多孔砖和空心砖；按工艺不同又分为烧结砖和非烧结砖。

(1) 烧结砖

1) 烧结普通砖

以煤矸石、页岩、粉煤灰或黏土为主要原料，经成型、焙烧而成的实心砖，称为烧结普通砖。

烧结普通砖的标准尺寸是 240mm×115mm×53mm。

烧结普通砖主要用于砌筑建筑物的内墙、外墙、柱、烟囱和窑炉。

2) 烧结多孔砖

烧结多孔砖是以煤矸石、页岩、粉煤灰或黏土为主要原料，经成型、焙烧而成的，空洞率不大于 35% 的砖。

烧结多孔砖的外形为直角六面体。典型烧结多孔砖规格有 190mm×190mm×90mm（M 型）和 240mm×115mm×90mm（P 型）两种。

烧结多孔砖可以用于承重墙体。

3) 烧结空心砖

烧结空心砖是以黏土、页岩、煤矸石等为主要原料，经焙烧制成的空洞率≥35% 的砖。

烧结空心砖的长、宽、高应符合以下系列：290mm、190（140）mm、90mm；240mm、180（175）mm、115mm。

烧结空心砖主要用做非承重墙，如多层建筑内隔墙或框架结构的填充墙等。

(2) 非烧结砖

不经焙烧而制成的砖均为非烧结砖。目前非烧结砖主要有蒸养砖、蒸压砖、碳化砖等，根据生产原材料区分主要有灰砂砖、粉煤灰砖、炉渣砖、混凝土砖等。

蒸压灰砂砖是以石灰等钙质材料和砂等硅质材料为主要原料，经坯料制备、压制成型、高压蒸汽养护而成的实心砖。蒸压灰砂砖的尺寸规格为 240mm×115mm×53mm。它主要用于工业与民用建筑的墙体和基础。

蒸压粉煤灰砖是以石灰、消石灰（如电石渣）或水泥等钙质材料与粉煤灰等硅质材料及集料（砂等）为主要原料，掺加适量石膏，经坯料制备、压制排气成型、高压或常压蒸汽养护而成的实心砖。粉煤灰砖的尺寸规格为 240mm×115mm×53mm。蒸压粉煤灰砖可用于工业与民用建筑的基础和墙体。

蒸压炉渣砖是以煤燃烧后的残渣为主要原料，配以一定数量的石灰和少量石膏，经加水搅拌混合、压制成型、蒸养或蒸压养护而制成的实心砖。炉渣砖的外形尺寸同普通黏土砖为 240mm×115mm×53mm。炉渣砖可用于一般工业与民用建筑的墙体和基础。

混凝土普通砖是以水泥和普通骨料或轻骨料为主要原料，经原料制备、加压或振动加压、养护而制成。其规格与黏土实心砖相同，用于工业与民用建筑基础和承重墙体。

混凝土多孔砖是以水泥为胶结材料，与砂、石（轻集料）等经加水搅拌、成型和养护而制成的一种具有多排小孔的混凝土制品。产品主规格尺寸为 240mm×115mm×90mm。

3. 砌块的分类及应用

砌块按产品主规格的尺寸，可分为大型砌块（高度大于 980mm）、中型砌块（高度为

380～980mm）和小型砌块（高度大于 115mm、小于 380mm）。按有无孔洞可分为实心砌块和空心砌块。空心砌块的空心率≥25%。

目前在国内推广应用较为普遍的砌块有蒸压加气混凝土砌块、混凝土小型空心砌块、石膏砌块等。

（四）钢　　材

1. 钢材的分类及特性

钢材的分类方法很多，主要分类方法见表 2-3 所列。

钢材的分类　　表 2-3

分类方法	分类名称	说　明
按化学成分分	碳素钢	工业纯铁——含碳量 w_C≤0.04% 是指钢中除铁、碳外，还含有少量锰、硅、硫、磷等元素的铁碳合金，按其含碳量的不同，可分为： (1) 低碳钢——含碳量 w_C≤0.25%； (2) 中碳钢——含碳量 w_C（0.25%＜w_C＜0.6%）； (3) 高碳钢——含碳量 w_C≥0.60%
	合金钢	为了改善钢的性能，在冶炼碳素钢的基础上，加入一些合金元素而炼成的钢，如铬钢、锰钢、铬锰钢、铬镍钢等。按其合金元素的总含量，可分为： (1) 低合金钢——合金元素的总含量≤5%； (2) 中合金钢——合金元素的总含量为 5%～10%； (3) 高合金钢——合金元素的总含量＞10%
按冶炼设备分	转炉钢	是指用转炉吹炼的钢，可分为底吹、侧吹、顶吹、空气吹炼、纯氧吹炼等转炉钢；根据炉衬的不同，又分为酸性和碱性两种
	平炉钢	是指用平炉炼制的钢，按炉衬材料的不同分为酸性和碱性两种，一般平炉钢多为碱性
	电炉钢	是指用电炉炼制的钢，有电弧炉钢、感应炉钢及真空感应炉钢等。工业上大量生产的是碱性电弧炉钢
按浇筑前的脱氧程度分	沸腾钢	属脱氧不完全的钢，浇筑时钢锭模里产生沸腾现象。其优点是冶炼损耗少、成本低、表面质量及探伤性能好；缺点是成分和质量不均匀，抗腐蚀性和力学强度较差，一般用于轧制碳素结构钢的型钢和钢板
	镇静钢	属脱氧完全的钢，浇筑时钢锭模里钢液镇静，没有沸腾现象。其优点是成分和质量均匀；缺点是金属的收得率低，成本较高。一般合金钢和优质碳素结构钢都为镇静钢
	半镇静钢	脱氧程度介于镇静钢和沸腾钢之间的钢，因生产较难控制，目前产量较少
	特殊镇静钢	脱氧程度更充分彻底比镇静钢，其质量最好，适用于特别重要的结构工程
按钢的质量分	普通钢	钢中含杂质元素较多，一般含硫量 w_S≤0.055%，含磷量 w_P≤0.045%，如碳素结构钢、低合金结构钢等
	优质钢	钢中含杂质元素较少，含硫量 w_S 及含磷量 w_P 一般均小于等于 0.04%，如优质碳素结构钢、合金结构钢、碳素工具钢和合金工具钢、弹簧钢、轴承钢等
	高级优质钢	钢中含杂质元素极少，一般含硫量 w_S≤0.03%，含磷量 w_P≤0.035%，如合金结构钢和工具钢等。高级优质钢的钢号后面，通常加符号"A"或汉字"高"，以便识别

续表

分类方法	分类名称	说 明
按钢的用途分	结构钢	(1) 建筑及工程用结构钢。简称建造用钢,是指建筑、桥梁、船舶、锅炉或其他工程上用于制作金属结构件的钢,如碳素结构钢、低合金钢、钢筋等; (2) 机械制造用结构钢。是指用于制造机械设备上结构零件的钢。这类钢基本上都是优质钢或高级优质钢,主要有优质碳素结构钢、合金结构钢、易切结构钢、弹簧钢、轴承钢等
	工具钢	一般用于制造各种工具,如碳素工具钢、合金工具钢、高速工具钢等。按其用途又可分为刃具钢、模具钢、量具钢
	特殊钢	是指具有特殊性能的钢,如不锈耐酸钢、耐热不起皮钢、高电阻合金钢、耐磨钢等
	专业用钢	是指各个工业部门用于专业用途的钢,如汽车用钢、农机用钢、航空用钢、化工机械用钢、锅炉用钢、电工用钢、焊条用钢、桥梁用钢等
按制造加工形式分	铸钢	是指采用铸造方法生产出来的一种钢铸件,主要用于制造一些形状复杂、难于锻造或切削加工成型而又有较高强度和塑性要求的零件
	锻钢	是指采用锻造方法生产出来的各种锻材的锻件。锻钢件的质量比铸钢件高,能承受大的冲击力、塑性、韧性和其他力学性能均高于铸钢件,所以重要的机器零件都应当采用锻钢件
	热轧钢	是指用热轧方法生产出来的各种钢材。热轧方法常用来生产型钢、钢管、钢板等大型钢材,也用于轧制线材
	冷轧钢	是指用冷轧方法生产出来的各种钢材。与热轧钢相比,冷轧钢的特点是表面光洁、尺寸精确、力学性能好。冷轧常用来轧制薄板、钢带和钢管
	冷拔钢	是指用冷拔方法生产出来的各种钢材。冷拔钢的特点是:精度高、表面质量好。冷拔方法主要用于生产钢丝,也用于生产直径在 50mm 以下的圆钢和六角钢,以及直径在 76mm 以下的钢管

注:1. 表中成分含量均指质量分数。
  2. w_C、w_S、w_P 分别表示碳、硫、磷的质量分数。

几种常用钢材的特性如下。

(1) 碳素钢

碳素钢是含碳量 (w_C) 小于 2% 的铁碳合金。碳钢除含碳外一般还含有少量的硅、锰、硫、磷。

按含碳量可以把碳钢分为低碳钢 ($w_C \leqslant 0.25\%$)、中碳钢 ($w_C = 0.25\% \sim 0.6\%$) 和高碳钢 ($w_C > 0.6\%$);按磷、硫含量可以把碳素钢分为普通碳素钢 (含磷、硫较高)、优质碳素钢 (含磷、硫较低) 和高级优质钢 (含磷、硫更低)。

一般碳钢中含碳量越高则硬度越高,强度也越高,但塑性较低。

(2) 碳素结构钢

这类钢主要保证力学性能,故其牌号体现其力学性能,用 Q+屈服点数值表示,其中"Q"为屈服点"屈"字的汉语拼音字首。若牌号后面标注字母 A、B、C、D,则表示钢材质量等级不同,含 S、P 的量依次降低,钢材质量依次提高。若在牌号后面标注字母"F"则为沸腾钢,标注"b"为半镇静钢,不标注"F"或"b"者为镇静钢。

碳素结构钢一般情况下都不经热处理,而在供应状态下直接使用。通常 Q195、Q215、Q235 钢碳的质量分数低,焊接性能好,塑性、韧性好,有一定强度,常轧制成薄板、钢筋、焊接钢管等,用于桥梁、建筑等结构和制造普通铆钉、螺钉、螺母等零件。

Q255 和 Q275 钢碳的质量分数稍高，强度较高，塑性、韧性较好，可进行焊接，通常轧制成型钢、条钢和钢板作结构件以及制造简单机械的连杆、齿轮、联轴节、销等零件。

(3) 优质结构钢

这类钢必须同时保证化学成分和力学性能。其牌号是采用两位数字表示钢中平均碳的质量分数的万分数（$w_C \times 10000$）。如 45 钢表示钢中平均碳的质量分数为 0.45%；08 钢表示钢中平均碳的质量分数为 0.08%。

优质碳素结构钢主要用于制造机器零件。一般都要经过热处理以提高力学性能。根据碳的质量分数不同，有不同的用途。08、08F、10、10F 钢，塑性、韧性高，具有优良的冷成型性能和焊接性能，常冷轧成薄板，用于制作仪表外壳、汽车和拖拉机上的冷冲压件，如汽车身、拖拉机驾驶室等；15、20、25 钢用于制作尺寸较小、负荷较轻、表面要求耐磨、芯部强度要求不高的渗碳零件，如活塞销、样板等；30、35、40、45、50 钢经热处理（淬火+高温回火）后具有良好的综合力学性能，即具有较高的强度和较高的塑性、韧性，用于制作轴类零件，例如 40、45 钢常用于制造汽车、拖拉机的曲轴、连杆、一般机床主轴、机床齿轮和其他受力不大的轴类零件；55、60、65 钢热处理（淬火+中温回火）后具有高的弹性极限，常用于制作负荷不大、尺寸较小（截面尺寸小于 12～15mm）的弹簧，如调压和调速弹簧、柱塞弹簧、冷卷弹簧等。

(4) 碳素工具钢

碳素工具钢是基本上不含合金元素的高碳钢，含碳量在 0.65%～1.35% 范围内，其生产成本低，原料来源易取得，切削加工性良好，处理后可以得到高硬度和高耐磨性，所以是被广泛采用的钢种，用来制造各种刀具、模具、量具。但这类钢的红硬性差，即当工作温度大于 250℃ 时，钢的硬度和耐磨性就会急剧下降而失去工作能力。另外，碳素工具钢如制成较大的零件则不易淬硬，而且容易产生变形和裂纹。

(5) 易切削结构钢

易切削结构钢是在钢中加入一些使钢变脆的元素，使钢切削时切屑易脆断成碎屑，从而有利于提高切削速度和延长刀具寿命。使钢变脆的元素主要是硫，在普通低合金易切削结构钢中使用了铅、碲、铋等元素。这种钢的含硫量在 0.08%～0.30% 范围内，含锰量在 0.60%～1.55% 范围内。钢中的硫和锰以硫化锰形态存在，硫化锰很脆并有润滑效能，从而使切屑容易碎断，并有利于提高加工表面的质量。

(6) 合金钢

在钢中除含有铁、碳和少量不可避免的硅、锰、磷、硫元素以外，还含有一定量的合金元素，钢中的合金元素有硅、锰、钼、镍、铬、钒、钛、铌、硼、铅、稀土等其中的一种或几种，这种钢叫合金钢。

(7) 普通低合金钢

普通低合金钢是一种含有少量合金元素（多数情况下其总量 w 总不超过 3%）的普通合金钢。这种钢的强度比较高，综合性能比较好，并具有耐腐蚀、耐磨、耐低温以及较好的切削性能、焊接性能等。在大量节约稀缺合金元素（如镍、铬）条件下，通常 1t 普通低合金钢可代替 1.2～1.3t 碳素钢使用，其使用寿命和使用范围更是远远超过碳素钢。普通低合金钢可以用一般冶炼方法在平炉、转炉中冶炼，成本也和碳素钢接近。

(8) 工程结构用合金钢

工程和建筑结构用的合金钢,包括可焊接的高强度合金结构钢、合金钢筋钢、铁道用合金钢、地质石油钻探用合金钢、压力容器用合金钢、高锰耐磨钢等。这类钢用做工程和建筑结构件,在合金钢中,这类钢合金含量总量较低,但生产、使用量较大。

(9) 机械结构用合金钢

这类钢是指适用于制造机器和机械零件的合金钢。它是在优质碳素钢的基础上,适当地加入一种或数种合金元素,用来提高钢的强度、韧性和淬透性。这类钢通常要经过热处理(如调质处理、表面硬化处理)后使用。主要包括常用的合金结构钢和合金弹簧钢两大类,其中包括调质处理的合金钢、表面硬化处理的合金钢(渗碳钢、氮化钢、表面高频淬火钢等)、冷塑性成型用合金钢(冷顶锻用钢、冷挤压用钢等)。按化学成分基本组成系列可分为 Mn 系钢、SiMn 系钢、Cr 系钢、CrMo 系钢、CrNiMo 系钢、Ni 系钢、B 系钢等。

(10) 合金结构钢

合金结构钢的含碳量 w_C 比碳素结构钢低一些,一般在 0.15%~0.50%的范围内。除含碳外,还含有一种或几种合金元素,如硅、锰、钒、钛、硼及镍、铬、钼等。

合金结构钢易于淬硬和不易变形或开裂,便于热处理改善钢的性能。

合金结构钢广泛用于制造汽车、拖拉机、船舶、汽轮机、重型机床的各种传动件和紧固件。低碳合金钢一般进行渗碳处理,中碳合金钢一般进行调质处理。

2. 钢号表示方法

(1) 碳素结构钢和低合金高强度结构钢牌号表示方法

碳素结构钢和低合金高强度结构钢牌号通常由四部分组成:

第一部分:前缀符号+强度值(以 N/mm^2 或 MPa 为单位),其中通用结果为钢前缀符号代表屈服强度的拼音字母"Q";

第二部分(必要时):钢的质量等级,用英文字母 A、B、C、D、E、F……表示;

第三部分(必要时):脱氧方式表示符号,即沸腾钢、半镇静钢、镇静钢、特殊镇静钢分别以"F"、"b"、"Z"、"TZ"表示,但镇静钢、特殊镇静钢表示符号通常可以省略;

第四部分(必要时):产品用途、特性和工艺方法表示符号。

根据需要,低合金高强度结构钢的牌号也可以采用两位阿拉伯数字(表示平均含碳量,以万分之几计)及必要时加代表产品用途、特性和工艺方法的表示符号,按顺序表示。

例如:碳素结构钢牌号表示为:Q235AF、Q235BZ;

低合金高强度结构钢牌号表示为:Q345C、Q345D。

Q235BZ 表示屈服点值≥235MPa、质量等级为 B 级的镇静碳素结构钢。

压力容器用钢牌号表示为"Q345R";耐候钢其牌号表示为 Q340NH;Q295HP 为焊接气瓶用钢牌号;Q390g 为锅炉用钢牌号;Q420q 为桥梁用钢牌号。

(2) 优质碳素结构钢和优质碳素弹簧钢牌号表示方法

优质碳素结构钢牌号通常由五部分组成:

第一部分:以两位阿拉伯数字表示平均含碳量(以万分之几计);

第二部分（必要时）：较高含锰量的优质碳素结构钢，加锰元素符号 Mn；

第三部分（必要时）：钢材冶金质量，即高级优质钢、特级优质钢分别以 A、E 表示，优质钢不用字母表示；

第四部分（必要时）：脱氧方式表示符号，即沸腾钢、半镇静钢、镇静钢、特殊镇静钢分别以"F"、"b"、"Z"、"TZ"表示，但镇静钢表示符号通常可以省略；

第五部分（必要时）：产品用途、特性或工艺方法表示符号，见表 2-4 所列。

优质碳素结构钢牌号组成 表 2-4

序号	产品名称	第一部分	第二部分	第三部分	第四部分	第五部分	牌号示例
1	优质碳素结构钢	碳含量：0.05%～0.11%	锰含量：0.25%～0.50%	优质钢	沸腾钢	—	08F
2	优质碳素结构钢	碳含量：0.47%～0.55%	锰含量：0.50%～0.80%	高级优质钢	镇静钢	—	50A
3	优质碳素结构钢	碳含量：0.48%～0.56%	锰含量：0.70%～1.00%	特级优质钢	镇静钢	—	50MnE
4	保证淬透性用钢	碳含量：0.42%～0.50%	锰含量：0.50%～0.85%	高级优质钢	镇静钢	保证淬透性用钢表示符号"H"	45AH
5	优质碳素弹簧钢	碳含量：0.62%～0.70%	锰含量：0.90%～1.20%	优质钢	镇静钢	—	65Mn

例如：平均含碳量为 0.08% 的沸腾钢，其牌号表示为"08F"；平均含碳量为 0.10% 的半镇静钢，其牌号表示为"10b"。

平均含碳量为 0.45% 的镇静钢，其牌号表示为"45"。

平均含碳量为 0.50%，含锰量为 0.70%～1.00% 的钢，其牌号表示为"50Mn"。

平均含碳量为 0.45% 的高级优质碳素结构钢，其牌号表示为"45A"。

平均含碳量为 0.45% 的特级优质碳素结构钢，其牌号表示为"45E"。

优质碳素弹簧钢牌号的表示方法与优质碳素结构钢牌号表示方法相同。

(3) 合金结构钢和合金弹簧钢牌号表示方法

合金结构钢牌号通常由四部分组成：

第一部分：以两位阿拉伯数字表示平均碳含量（以万分之几计）；

第二部分：合金元素含量，以化学元素符号及阿拉伯数字表示。具体表示方法为：平均含量小于 1.50% 时，牌号中仅标明元素，一般不标明含量；平均合金含量为 1.50%～2.49%、2.50%～3.49%、3.50%～4.49%、4.50%～5.49%、……时，在合金元素后相应写成 2、3、4、5……；

第三部分：钢材冶金质量，即高级优质钢、特级优质钢分别以 A、E 表示，优质钢不用字母表示；

第四部分（必要时）：产品用途、特性或工艺方法表示符号。

例如：碳、铬、锰、硅的平均含量分别为 0.30%、0.95%、0.85%、1.05% 的合金结构钢，当 S、P 含量分别≤0.035% 时，其牌号表示为"30CrMnSi"。

3. 一般机械零件的选材原则

对于一般机械零件,其材料选用原则如下。

(1) 使用性能原则

使用性能主要是指零件在使用状态下材料应该具有的力学性能、物理性能和化学性能。对大量机器零件和工程构件,主要是力学性能。对一些特殊条件下工作的零件,则必须根据要求考虑到材料的物理、化学性能。使用性能是保证零件完成规定功能的必要条件。在大多数情况下,它是选材首先要考虑的问题。

(2) 工艺性能原则

材料的工艺性能是指材料能够适应加工工艺要求的能力。对金属材料按工艺方法不同,可分为铸造性、可锻性、可焊性、切削加工性和热处理工艺性。机械零件一般都要采用这些工艺方法中的一种或几种。因此,在设计零件和选择工艺方法时,都要考虑材料的工艺性能。材料能否适应这些加工工艺的要求,是决定它能否进行加工或如何进行加工的重要因素。例如,灰口铸铁铸造性能较好,不能锻造,可焊性很差,故只能用铸造方法制造零件;低碳钢的可锻性、焊接性都很好,所以可轧制成各种型材和用焊接方法制造各种金属结构。

在单件小批生产的条件下,材料可切削加工性的好坏,并不显得突出,但在成批大量生产条件下,切削加工性能可能成为决定性的因素。

(3) 经济性原则

材料的经济性是选材的根本原则之一。采用尽可能便宜的材料,把总成本降至最低,取得最大的经济效益,使产品在市场上具有最强的竞争力。

三、工程图识读

（一）三 视 图

1. 三视图的形成

如图 3-1 所示三个相互垂直的投影面，正投影面 V（简称正面）、水平投影面 H（简称水平面）、侧投影面 W（简称侧面），每两投影面的交线称为投影轴，分别用 O_X、O_Y、O_Z 表示，三轴的交点 O 称为原点。

将物体放在三个投影面中间，并分别向三个投影面进行投影，得到了物体的三面投影，也叫三视图。

主视图——从物体的前方向后投影，在投影面上所得到的视图。

俯视图——从物体的上方向下投影，在水平投影面上所得到的视图。

左视图——从物体的左方向右方投影，在侧投影面得到的视图。

为了画图和看图的方便，假想地将三个投影面展开、摊平在同一平面上，并且规定：V 面保持不动，H 面绕 X 轴向下转 $90°$，W 面绕 Z 轴向后转 $90°$，这样 V、H 和 W 三个投影面就摊在了同一平面上，最后得到图 3-2 所示的三视图。画图时，投影面的边框线和投影轴均不必画出，按投影关系配置视图时，也不需要标明视图名称，如图 3-3 所示。

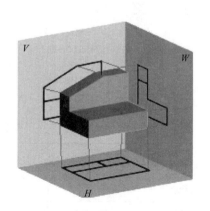

图 3-1　三投影面体系

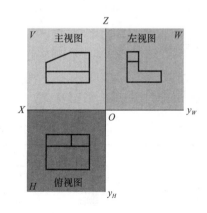

图 3-2　三视图

2. 三视图的投影规律

在形体的三视图中，主视图反映了物体的长度和高度；俯视图反映了物体的长度和宽度；左视图反映了物体的宽度和高度。三视图的投影规律可归纳为（图 3-4）：

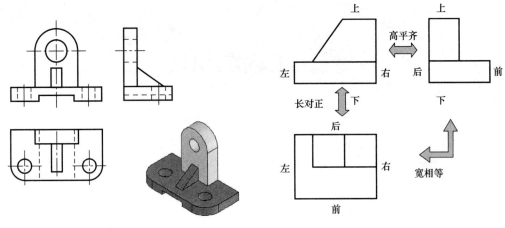

图 3-3 支架三视图　　　图 3-4 三视图的投影规律

主、俯视图长对正；

主、左视图高平齐；

俯、左视图宽相等；

不仅整个物体的三视图符合长对正、高平齐、宽相等的投影规律，而且物体上的每一组成部分的三个投影也要符合投影规律。同时，三个视图还反映了物体上、下、左、右、前、后六个方位。

主视图反映了物体上、下、左、右的方位；

俯视图反映了物体前、后、左、右的方位；

左视图反映了物体上、下、前、后的方位。

（二）机械图的识读

1. 机械制图国家标准

（1）比例

绘制图样时，一般应采用表 3-1 中规定的比例。

绘图比例　　　　　　　　　　　　　　　　表 3-1

原值比例	1∶1
缩小比例	(1∶1.5)　1∶2　(1∶2.5)　(1∶3)　(1∶4)　1∶5　(1∶6)　1∶1×10n　(1∶1.5×10n)　1∶2×10n　(1∶2.5×10n)　(1∶3×10n)　(1∶4×10n)　1∶5×10n　(1∶6×10n)
放大比例	2∶1　(2.5∶1)　(4∶1)　5∶1　1×10n∶1　2×10n∶1　(2.5×10n∶1)　(4×10∶1)　5×10n∶1

注：1. 括号内比例为可用比例；
　　2. n 为整数。

（2）图线型式

绘制图样时需要各种形式的图线，图线分为粗细两种，粗线的宽度推荐系列为：

0.18mm、0.25mm、0.35mm、0.5mm、0.7mm、1mm、1.4mm、2mm。细实线的宽度为 $b/3$。国家标准规定了图线的基本线型，表 3-2 列出了机械制图的图线型式，图 3-5 所示图线型式应用情况。

机械制图的图线型式　　　　　　　　　　　　　　表 3-2

图线名称	图线型式	图线宽度	主要用途
粗实线	———————	b	可见轮廓线
细实线	———————	约 $b/3$	尺寸线、尺寸界线、剖面线、引出线
波浪线	∼∼∼∼	约 $b/3$	断裂处的边界线、视图和剖视的分界线
双折线	—–⁄\—–	约 $b/3$	断裂处的边界线
虚线	- - - - -	约 $b/3$	不可见轮廓线
细点划线	—·—·—·	约 $b/3$	轴线、对称中心线
粗点划线	—·—·—·	b	有特殊要求的表面的表示线
双点划线	—··—··—	约 $b/3$	假想投影轮廓线、中断线

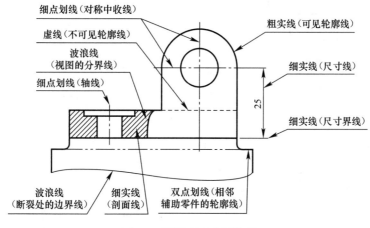

图 3-5　图线型式应用情况

2. 机件的表达方法

（1）视图

视图分为基本视图、向视图、斜视图和局部视图。

1）基本视图

将机件放在由六个基本投影面构成的投影体系中，分别向六个基本投影面投射，得到六个基本视图：主视图、俯视图、左视图、右视图、仰视图、后视图（图 3-6）。

正立面保持不动，将六个基本投影面展开到与正立面成同一平面。展开后各基本视图的配置关系如图 3-7 所示。六个基本视图之间，仍保持着与三视图相同的投影规律，即主、俯、仰、后长相等，其中主、俯、仰长对正；主、左、右、后高平齐；俯、左、右、仰宽相等。

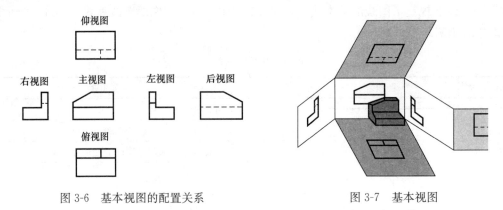

图 3-6 基本视图的配置关系　　　　图 3-7 基本视图

2）向视图

如果不能按基本视图布置，应在视图上方标出视图的名称"×向"，并在相应的视图附近用箭头指明投影方向（图 3-8）。

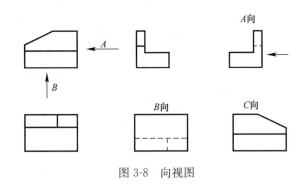

图 3-8 向视图

3）局部视图

将机件的某一部分向基本投影面投影所得的视图称为局部视图（图 3-9）。

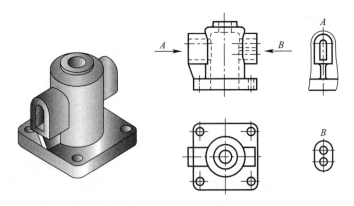

图 3-9 局部视图

当机件的主体形状已表达清楚，只有局部形状尚未表达清楚，不必再增加一个完整的基本视图，可采用局部视图。画局部视图，一般在局部视图上方标注出视图的名称"×

向",在相应的视图附近用箭头指明方向,并标注同样的字母。当局部视图按投影关系配置时,中间又没有其他图形隔开,可省略标注。

4) 斜视图

将机件向不平行于任何基本投影面的平面投射所得的视图,称为斜视图。如图 3-10 所示的机件,其右上方具有倾斜结构,在俯、左视图上均不能反映实形,这既给画图和看图带来困难,又不便于标注尺寸。这时可选用一个平行于倾斜部分的投影面,按箭头所示投影方向在投影面上作出该倾斜部分的投影,即为斜视图。由于斜视图常用于表达机件上倾斜部分的实形,因此,机件的其余部分不必全部画出,而可用双折线(或波浪线)断开。

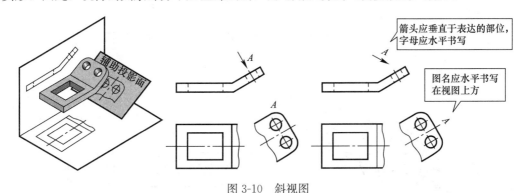

图 3-10 斜视图

(2) 剖视图

假想用一剖切平面剖开机件,然后将处在观察者和剖切平面之间的部分移去,而将其余部分向投影面投影所得的图形,叫剖视图(简称剖视),如图 3-11 所示。

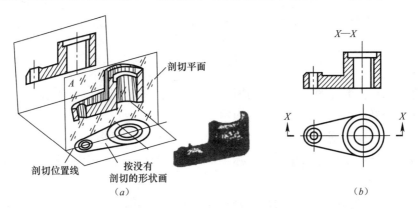

图 3-11 剖视图

1) 剖视图的标注

剖视图一般需要标出剖切平面的位置、投影方向和剖视图的名称。

① 剖切位置:通常以剖切面与投影面的交线表示剖切位置,用两段不和轮廓线相交的粗实线(剖切符号)来标明。

② 投影方位:在剖切位置线的两端,用箭头指明剖切后的投影方向。

③ 剖视图名称:在箭头的外侧用相同的大写英文字母标注,并在相应的剖视图上方标相同的字母"X—X"借以表示剖视图名称。

2）常见的几种剖视图

常见的剖视图有全剖视图、半剖视图和局部剖视图。

① 全剖视图：用剖切平面把零件完全地剖开后所得的剖视图，称为全剖视图。

② 半剖视图：在具有对称平面的机件上，用一个剖切平面将零件剖开，去掉零件前半部分的一半，一半表达外形，另一半表达内部结构的图形（即一半剖视一半视图的组合图形），称为半剖视图。

③ 局部剖视图：将机件局部剖开后投影所得到的图形叫做局部剖视图。局部剖视图也是在同一视图上同时表达内外形状的方法，而用波浪线作为剖视图与视图的分界线。

(3) 断面图

假想用剖切平面将机件的某处切断，仅画出断面图形并标出规定剖面符号的图形，叫做断面图，如图 3-12 所示。

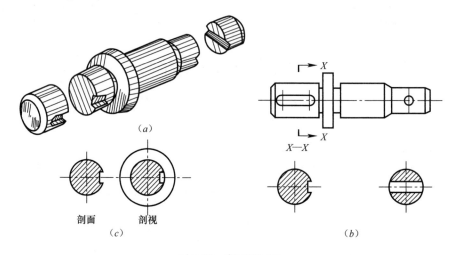

图 3-12　断面图画法

断面图分为移出断面图和重合断面图。画在视图之外的剖面称为移出剖面；剖切后绕剖切平面迹线旋转并重合在视图内的剖面称为重合剖面。

移出剖面一般应用剖切符号表示剖切位置，用箭头表示投影方向，并注上字母，在剖面图上方应用同样的字母标出相应的名称"$X—X$"。但可根据剖面图是否对称及其配置的位置不同作相应的省略。

不对称的重合剖面必须用剖切符号表示剖切位置，用箭头表示投影方向，而对称的重合剖面不必标注。

移出剖面的轮廓线采用粗实线绘制，而重合剖面的轮廓线采用细实线绘制。

3. 机械零件图及装配图识读

每一台机器或部件都是由许多零件按一定装配关系和技术要求装配而成的。图纸反映了它们之间的关系和设计者的意图，表达了机器或部件对零件的要求，因此机械图是制造零件和装配机器的主要依据，是生产中最重要的技术文件之一。常用的两种机械图是零件图和装配图。

(1) 零件图

机械零件图不但包括图样的内容，还包括加工制作前的工艺准备与加工制作后的质量检验。图 3-13 是轴的零件图，所表达的是轴零件形状的视图，该视图表达轴类零件的各结构形状的大小和相互位置的尺寸（包括：尺寸允许误差、形状与位置公差、技术要求和表面粗糙度要求），并有零件名称与图号，提供设计、工艺、审核、批准签字等。因此在看图中不但要读懂由视图表达的零件形状与结构，还须读懂轴的零件图所涉及加工内容、要求等。

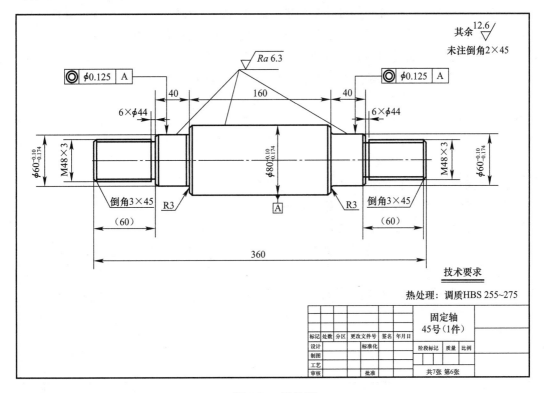

图 3-13　零件图

1）识读零件图的一般步骤和方法

① 读标题栏，初步了解零件概况，了解零件名称、比例、材料、图样编号等，可以从中知道零件在机器中的作用、制造要求以及结构特点。

② 看懂视图，首先搞清楚哪一个视图是主视图，然后了解零件图采用了多少个视图，各图形之间的关系。找到剖视、剖面的剖切位置，从物体的形状特征视图和位置特征视图入手，将物体分解成几个组成部分，然后从体现每部分特征的视图出发，依据三等关系，在其他视图中找出对应投影，再根据视图搞清楚形体间的相对位置、组合形式和表面连接关系等，看懂各图形所用的表达方法和表达内容等。最后根据表达方案所提供的图形，想出各部分结构和形状，进而综合想象出整体的形状。

③ 分析零件图的尺寸，一般先找出总体尺寸，了解零件总的长、宽、高。其次，以零件的结构形状和工艺特点分析为基础，找出定形尺寸、定位尺寸，并搞清楚定位基准。

④ 了解技术要求，技术要求是零件的质量指标。应了解零件表面粗糙度要求、形状和位置公差要求及其他要求等。

⑤ 综合考虑，把读懂的结构形状、尺寸标注和技术要求等内容综合起来，就能比较全面地读懂这张零件图。

2) 零件图的尺寸

零件图中的尺寸是加工和检验零件的重要依据，必须合理。既要满足设计要求，又要符合加工测量等工艺要求。看图时注意零件图的尺寸基准，零件图的尺寸基准有设计基准和工艺基准。设计基准是根据零件的结构、设计要求及用以确定该零件在机器中的位置和几何关系所选定的基准。常见的设计基准是：零件上主要回转结构的轴心线；零件结构的对称中心面；零件的重要支承面、装配面及两零件重要结合面；零件的主要加工面。工艺基准是零件在加工、测量和检验时所使用的基准。零件的长、宽、高每个方向的尺寸至少有一个基准，这三个基准就是主要基准。必要时还可以增加一些基准，即辅助基准（次要基准）。主要基准和次要基准之间一定有尺寸联系；主要基准尽量为设计基准同时也为工艺基准；辅助基准可为设计基准或工艺基准。重要尺寸从主要基准直接注出，不通过换算得到。标注尺寸考虑了工艺要求，按加工顺序标注尺寸符合加工过程，便于加工和测量。

3) 表面粗糙度

表面粗糙度是指零件的加工表面上具有的较小间距和峰谷所形成的微观几何形状误差。表面粗糙度反映零件表面的光滑程度是评定零件表面质量的一项技术指标，它对零件的配合性、耐磨性、抗腐蚀性、接触刚度、抗疲劳强度、密封性和外观等都有影响。因此，零件表面的粗糙度的要求也有不同。一般来说，凡零件上有配合要求或有相对运动的表面，表面粗糙度参数值要小。表面粗糙度的符号如图 3-14 所示，表面粗糙度的代号见表 3-3 所列。

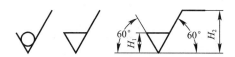

图 3-14 表面粗糙度的符号
$H_1=1.4h$，$H_2=2.1h$，h 为零件图中字体的高度

表面粗糙度代号　　　　　表 3-3

符　号	意义及说明	表面粗糙度数值注定位置
∨	基本符号，表示表面可用任何方法获得。当不加注粗糙度参数值或有关说明时，仅适用于简化代号标注	a_1、a_2——粗糙度高度参数代号及其数值（μm）； b——加工要求、镀覆、表面处理或其他说明等； c——取样长度（mm）或波纹度（μm）； d——加工纹理方向符号； e——加工余量（mm）； f——粗糙度间距参数值（mm）或轮廓支承长度率
∇	基本符号加一短划，表示表面是用去除材料的方法获得。如车、铣、磨、剪切、抛光、腐蚀、电火花加工、气割等	
∇○	基本符号加一小圆，表示表面是用不去除材料方法获得。如铸、锻、冲压变形、热轧、冷轧、粉末冶金等，或者是用于保持原供应状况的表面	
∨̄　∇̄　∇̄○	在上述三个符号的长边上均可加一横线；用于标注有关参数和说明	
∨○　∇○　∇○○	在上述三个符号上均可加一小圆，表示所有表面具有相同的表面粗糙度要求	

4)公差与配合

零件的互换性是指同一批零件,不经挑选和辅助加工,任取一个就可顺利地装到机器上并满足机器的性能要求。保证零件具有互换性的措施是确定合理的配合要求和尺寸公差大小。

① 基本术语

基本尺寸:它是设计给定的尺寸。

极限尺寸:允许尺寸变化的两个极限值,它是以基本尺寸为基数来确定的。

尺寸偏差(简称偏差):某一尺寸减其基本尺寸所得的代数差,分别称为上偏差和下偏差。

上偏差=最大极限尺寸-基本尺寸　　代号:孔为 ES,轴为 es。

下偏差=最小极限尺寸-基本尺寸　　代号:孔为 EI,轴为 ei。

尺寸公差(简称公差):允许尺寸的变动量。

公差=最大极限尺寸-最小极限尺寸=上偏差-下偏差

例:一根轴的直径为 $50^{+0.007}_{-0.018}$

50 为基本尺寸,

上偏差=+0.007

下偏差=-0.018

公差=0.007-(-0.018)=0.025

② 配合

基本尺寸相同的、相互结合的孔和轴公差带之间的关系,称为配合。根据使用的要求不同,孔和轴之间的配合有松有紧,因而国标规定配合分三类:即间隙配合、过盈配合和过渡配合。

间隙配合:孔与轴配合时,具有间隙(包括最小间隙等于零)的配合。

过盈配合:孔和轴配合时,孔的尺寸减去相配合轴的尺寸,其代数差是负值为过盈。具有过盈的配合称为过盈配合。

过渡配合:可能具有间隙或过盈的配合为过渡配合。

③ 标准公差与基本偏差

标准公差是标准所列的,用以确定公差带的大小的任一公差。标准公差分为 20 个等级,即:IT01、IT0、IT1~IT18。IT 表示公差,数字表示公差等级,从 IT01~IT18 依次降低。

基本偏差是标准所列的,用以确定公差带相对零线位置的上偏差或下偏差,一般指靠近零线的那个偏差。当公差带在零线的上方时,基本偏差为下偏差;反之为上偏差。

轴与孔的基本偏差代号用拉丁字母表示,大写为孔,小写为轴,各有 28 个。其中 $H(h)$ 的基本偏差为零,常作为基准孔或基准轴的偏差代号。

④ 配合制度

基孔制:基本偏差为一定的孔的公差带,与不同基本偏差的轴的公差带形成各种配合的一种制度。

基轴制:基本偏差为一定的轴的公差带,与不同基本偏差的孔的公差带形成各种配合的一种制度。

5）形位公差

形状公差和位置公差简称形位公差，是指零件的实际形状和实际位置对理想形状和理想位置的允许变动量。形位公差的代号由形位公差有关项目的符号、框格和指引线、公差数值以及基准代号的字母组成，代号见表 3-4 所列。

形状公差和位置公差代号　　　　　　　　表 3-4

分类	名称	符号	分类		名称	符号
形状公差	直线度	—	位置公差	定向	平行度	∥
	平面度	▱			垂直度	⊥
					倾斜度	∠
	圆度	○		定位	同轴度	◎
	圆柱度	⌀			对称度	═
	线轮廓度	⌒			位置度	⊕
	面轮廓度	⌒		跳动	圆跳动	↗
					全跳动	↗↗

(2) 装配图

一台机器或一个部件是由若干零件按一定的技术要求装配而成。表达整台机器或部件的工作原理、装配关系、连接方式及结构形状的图样称为装配图。装配图和零件图一样，是生产和科研中的重要技术文件之一。

1) 装配图的内容

一张完整的装配图应该具备下列基本内容：

① 一组视图：用必要的视图、剖视图和剖面图来表达产品的结构、工作原理、装配关系、连接方式及主要零件的基本形状。

② 必要尺寸：根据装配图的功用，装配图只注出与产品性能、装配、调试、安装、包装等有关尺寸。一般只标注以下几类尺寸：

A. 规格尺寸、性能尺寸——表示产品规格或性能的尺寸。

B. 配合尺寸——表示零件之间配合性质的尺寸。

C. 相对位置尺寸——表示零件或部件之间比较重要的相对位置的尺寸。

D. 外形尺寸——表示产品的长、宽、高最大尺寸，可供产品包装、运输、安装时参考。

E. 安装尺寸——表示产品安装到其他结构上或基础上的位置尺寸。

F. 其他尺寸——根据产品结构特点和需要必须标注的尺寸。

③ 技术要求：技术要求可以用文字或符号表明，一般注在标题栏的左上方空白处。技术要求的内容，一般有以下几个方面：

A. 装配过程中的注意事项和装配后应满足的要求等；

B. 实验和检验方法；
C. 镀涂、焊接、形位公差等方面的文字说明；
D. 安装和使用方面的要求。

④ 明细表和标题栏：如图 3-15 右下角所示。根据生产组织和管理工作的需要，装配图中按一定的方法和格式，将零件编号填写到明细表和标题栏中。

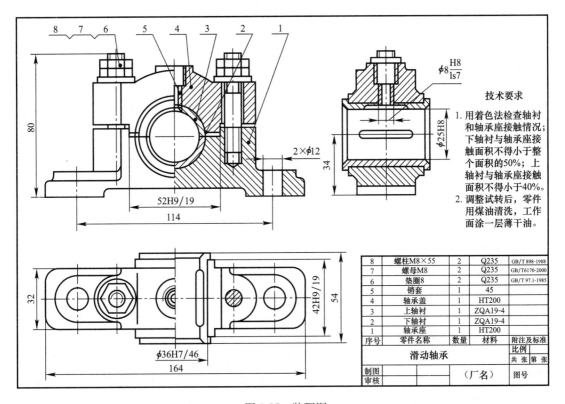

图 3-15 装配图

装配图的标题栏位于图样右下角，各部门所用的标题栏格式不尽相同，但基本的内容是一样的，包括名称、图号、比例、重量、设计（者）、审核（者）等。

明细表放在标题栏上方，并与标题栏对齐，其底边与标题栏顶边重合。内容包括序号、代号（图号）、名称、数量、材料、重量与备注。装配图中零、部件序号一致。序号由下往上填写，必要时可以左移延续编写下去。

2）识读装配图的一般步骤和方法

① 概括了解：通过阅读标题栏，了解装配体的名称、比例。再看明细表，根据明细表中零件的序号和名称，依次对应在装配图中找到零件，初步了解各零件的形状。阅读技术要求，结合说明书或其他有关设计资料，初步了解装配体的大小和形状特征、功用等。

② 分析视图：通过视图分析，了解装配体所采用的表达方法、各视图之间的投影关系及各视图表达的内容等，弄清楚装配体的工作原理和主要零件的装配关系。

③ 分析零件：分析零件时，一般从主要的装配干线上的主要零件开始，逐步扩大到其他装配干线，也可根据传动系统的先后顺序进行。分析零件的结构形状时，最好从表达

这个零件最清楚的视图入手,利用图中的编号和同一零件的剖面线方向及其疏密度一致性的要求来判断零件的投影轮廓,还可以用分规或三角板等绘图工具从有关的视图中进行投影分析。

④ 归纳总结:为了对装配体有比较全面的认识,需要进一步归纳。最后,围绕部件的结构、工作情况和装配连接关系等,把各部分结构有机地联系起来一起研究,分析结构能否实现预定功用,工作是否可靠等,从而对装配体的完整结构、工作原理和性能有个全面的认识。

(三) 房屋建筑图的识读

1. 房屋建筑图的基本知识

房屋建筑施工图是指利用正投影的方法把所设计房屋的大小、外部形状、内部布置和室内装修,以及各部分结构、构造、设备等的做法,按照建筑制图国家标准规定绘制的工程图样。它是工程设计阶段的最终成果,同时又是工程施工、监理和计算工程造价的主要依据。

按照内容和作用不同,房屋建筑施工图分为建筑施工图(简称"建施")、结构施工图(简称"结施")和设备施工图(简称"设施")。通常,一套完整的施工图还包括图纸目录、设计总说明(即首页)。

图纸目录列出所有图纸的专业类别、总张数、排列顺序、各张图纸的名称、图样幅面等,以方便翻阅查找。

设计总说明包括施工图设计依据、工程规模、建筑面积、相对标高与总平面图绝对标高的对应关系、室内外的用料和施工要求说明、采用新技术和新材料或有特殊要求的做法说明、选用的标准图以及门窗表等。设计总说明的内容也可在各专业图纸上写成文字说明。

(1) 房屋建筑施工图的作用及组成
1) 建筑施工图的组成及作用

建筑施工图一般包括建筑设计说明、建筑总平面图、平面图、立面图、剖面图及建筑详图等。其中,平面图、立面图和剖面图简称"平、立、剖",是建筑施工图中最重要、最基本的图样,称为基本建筑图。

建筑施工图表达的内容主要包括空间设计方面内容和构造设计方面内容。空间设计方面内容包括房屋的造型、层数、平面形状与尺寸以及房间的布局、形状、尺寸、装修做法等。构造设计方面内容包括墙体与门窗等构配件的位置、类型、尺寸、做法以及室内外装修做法等。建造房屋时,建筑施工图主要作为定位放线、砌筑墙体、安装门窗、装修的依据。

各图样的作用分别是:

建筑设计说明主要说明装修做法和门窗的类型、数量、规格、采用的标准图集等情况;

建筑总平面图也称总图，用以表达建筑物的地理位置和周围环境，是新建房屋及构筑物施工定位，规划设计水、暖、电等专业工程总平面图及施工总平面图设计的依据。

建筑平面图主要用来表达房屋平面布置的情况，包括房屋平面形状、大小、房间布置，墙或柱的位置、大小、厚度和材料，门窗的类型和位置等，是施工备料、放线、砌墙、安装门窗及编制概预算的依据。

建筑立面图主要用来表达房屋的外部造型、门窗位置及形式、外墙面装修、阳台、雨篷等部分的材料和做法等，在施工中是外墙面造型、外墙面装修、工程概预算、备料等的依据。

建筑剖面图主要用来表达房屋内部垂直方向的高度、楼层分层情况及简要的结构形式和构造方式，是施工、编制概预算及备料的重要依据。

因为建筑物体积较大，建筑平面图、立面图、剖面图常采用缩小的比例绘制，所以房屋上许多细部的构造无法表示清楚，为了满足施工的需要，必须分别将这些部位的形状、尺寸、材料、做法等用较大的比例画出，这些图样就是建筑详图。

2) 结构施工图的组成及作用

结构施工图一般包括结构设计说明、结构平面布置图和结构详图三部分，主要用以表示房屋骨架系统的结构类型、构件布置、构件种类、数量、构件的内部构造和外部形状、大小，以及构件间的连接构造。施工放线、开挖基坑（槽）、施工承重构件（如梁、板、柱、墙、基础、楼梯等）主要依据结构施工图。

结构设计说明是带全局性的文字说明，它包括设计依据，工程概况，自然条件，选用材料的类型、规格、强度等级，构造要求，施工注意事项，选用标准图集等。主要针对图形不容易表达的内容，利用文字或表格加以说明。

结构平面布置图是表示房屋中各承重构件总体平面布置的图样，一般包括：基础平面布置图、楼层结构布置平面图、屋顶结构平面布置图。

结构详图是为了清楚地表示某些重要构件的结构做法，而采用较大的比例绘制的图样，一般包括：梁、柱、板及基础结构详图，楼梯结构详图，屋架结构详图，其他详图（如天沟、雨篷、过梁等）。

3) 设备施工图的组成及作用

设备施工图可按工种不同再分成给水排水施工图（简称水施图）、采暖通风与空调施工图（简称暖施图）、电气设备施工图（简称电施图）等。水施图、暖施图、电施图一般都包括设计说明、设备的布置平面图、系统图等内容。设备施工图主要表达房屋给水排水、供电照明、采暖通风、空调、燃气等设备的布置和施工要求等。

(2) 房屋建筑施工图的图示特点

房屋建筑施工图的图示特点主要体现在以下几方面：

1) 施工图中的各图样用正投影法绘制。一般在 H 面上作平面图，在 V 面上作正、背立面图，在 W 面上作剖面图或侧立面图。平面图、立面图、剖面图是建筑施工图中最基本、最重要的图样，在图纸幅面允许时，最好将其画在同一张图纸上，以便阅读。

2) 由于房屋形体较大，施工图一般都用较小比例绘制，但对于其中需要表达清楚的节点、剖面等部位，则用较大比例的详图来表现。

3）房屋建筑的构、配件和材料种类繁多，为作图简便，国家标准采用一系列图例来代表建筑构配件、卫生设备、建筑材料等。为方便读图，国家标准还规定了许多标注符号，构件的名称应用代号表示。

（3）制图标准相关规定

1）常用建筑材料图例和常用构件代号

常用建筑材料图例见表 3-5 所列。

常用建筑材料图例 表 3-5

序号	名称	图例	备注
1	自然土壤		包括各种自然土壤
2	夯实土壤		
3	砂、灰土	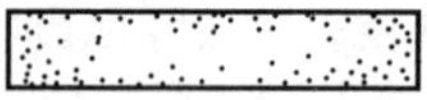	
4	砂砾石、碎砖三合土	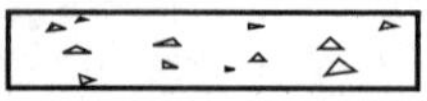	
5	石材	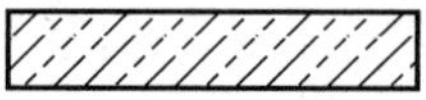	
6	毛石	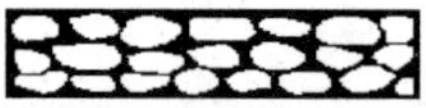	
7	普通砖	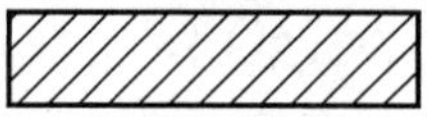	包括实心砖、多孔砖、砌块等砌体。断面较窄不易绘出图例线时，可涂红，并在图纸备注中加注说明，画出该材料图例
8	空心砖		指非承重砖砌体
9	饰面砖		包括铺地砖、陶瓷锦砖、人造大理石等
10	焦渣、矿渣	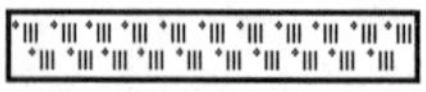	包括与水泥、石灰等混合而成的材料
11	混凝土		1. 本图例指能承重的混凝土及钢筋混凝土； 2. 包括各种强度等级、骨料、添加剂的混凝土； 3. 在剖面图上画出钢筋时，不画图例线； 4. 断面图形小，不易画出图例线时，可涂黑
12	钢筋混凝土		
13	木材	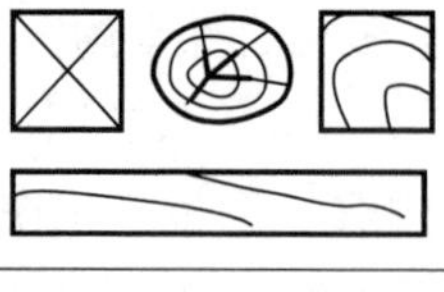	1. 上图为横断面，左上图为垫木、木砖或木龙骨； 2. 下图为纵断面
14	金属		1. 包括各种金属； 2. 应注明具体材料名称
15	玻璃		包括平板玻璃、磨砂玻璃、夹丝玻璃、钢化玻璃、中空玻璃、夹层玻璃、镀膜玻璃等
16	防水材料		构造层次多或比例较大时，采用上图例
17	粉刷材料		

2）图线

建筑专业制图的图线分别见表 3-6 所列。

建筑制图的线型及其应用　　表 3-6

名　称		线　型	线　宽	用　途
实线	粗	——————	b	1. 平、剖面图中被剖切的主要建筑构造（包括构配件）的轮廓线； 2. 建筑立面图或室内立面图的外轮廓线； 3. 建筑构造详图中被剖切的主要部分的轮廓线； 4. 建筑构配件详图中的外轮廓线； 5. 平、立、剖面的剖切符号
实线	中粗	——————	$0.7b$	1. 平、剖面图中被剖切的次要建筑构造（包括构配件）的轮廓线； 2. 建筑平、立、剖面图中建筑构配件的轮廓线； 3. 建筑构造详图及建筑构配件详图中的一般轮廓线
	中	——————	$0.5b$	小于 $0.7b$ 的图形线、尺寸线、尺寸界线、索引符号、标高符号、详图材料做法引出线、粉刷线、保温层线、地面、墙面的高差分界线等
	细	——————	$0.25b$	图例填充线、家具线、纹样线等
虚线	中粗	- - - - - -	$0.7b$	1. 建筑构造详图及建筑构配件不可见轮廓线； 2. 平面图中起重机（吊车）轮廓线； 3. 拟建、扩建建筑物轮廓线
	中	- - - - - -	$0.5b$	小于 $0.5b$ 的不可见轮廓线、投影线
	细	- - - - - -	$0.25b$	图例填充线、家具线
单点长画线	粗	—·—·—·—	b	起重机（吊车）轨道线
	细	—·—·—·—	$0.25b$	中心线、对称线、定位轴线
折断线	细	——/——	$0.25b$	部分省略表示时的断开界线
波浪线	细	～～～～	$0.25b$	部分省略表示时的断开界线、曲线形构件断开界线、构造层次的断开界线

注：地平线宽可用 $1.4b$。

3）尺寸标注

图样上的尺寸，应包括尺寸界线、尺寸线、尺寸起止符号和尺寸数字四个要素，如图 3-16 所示。

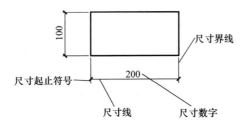

图 3-16　尺寸组成四要素

几种尺寸的标注形式见表 3-7 所列。

尺寸的标注形式　　　　　　　　　　　　　　　　　表 3-7

注写的内容	注法示例	说　明
半径	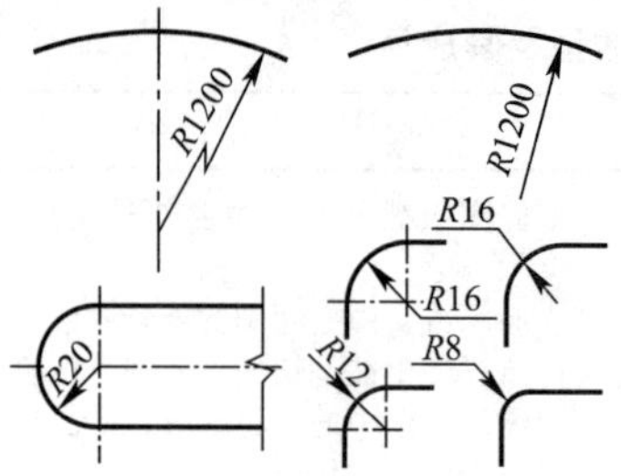	半圆或小于半圆的圆弧应标注半径，如左下方的例图所示。标注半径的尺寸线应一端从圆心开始，另一端画箭头指向圆弧，半径数字前应加注符号"R"。 较大圆弧的半径，可按上方两个例图的形式标注；较小圆弧的半径，可按右下方四个例图的形式标注
直径	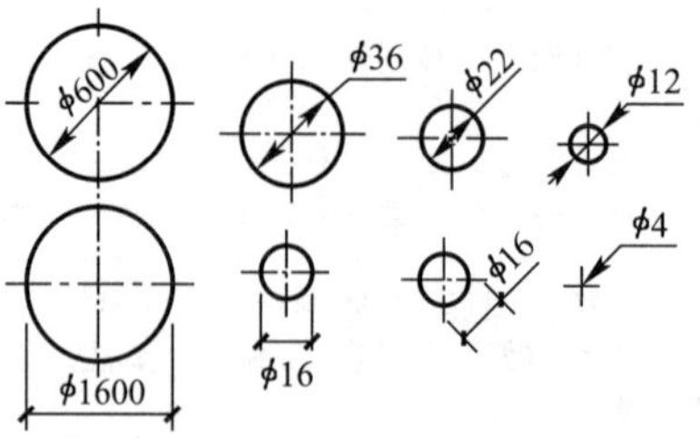	圆及大于半圆的圆弧应标注直径，如左侧两个例图所示，并在直径数字前加注符号"ϕ"。在圆内标注的直径尺寸线应通过圆心，两端画箭头指至圆弧。 较小圆的直径尺寸，可标注在圆外，如右侧六个例图所示
薄板厚度	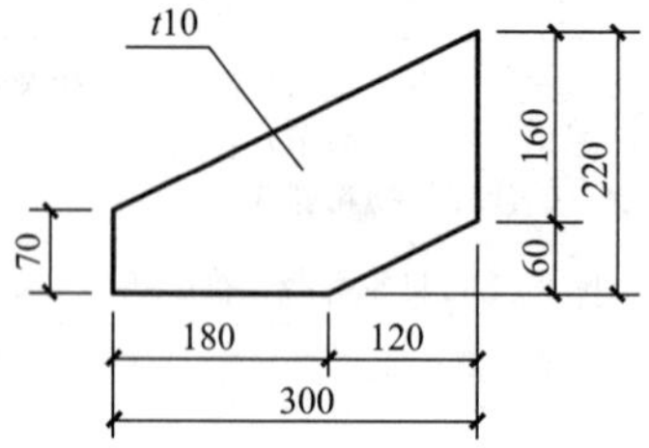	应在厚度数字前加注符号"t"
正方形	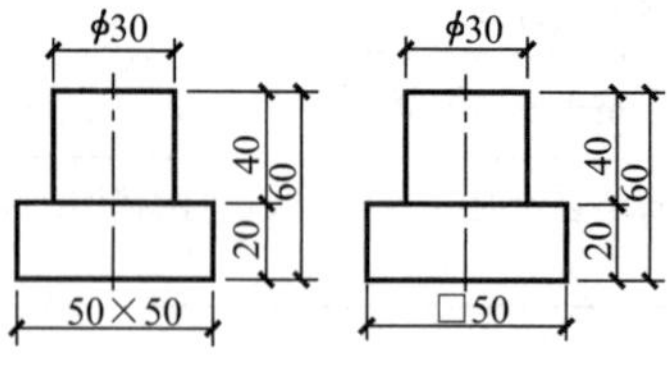	在正方形的侧面标注该正方形的尺寸，可用"边长×边长"标注，也可在边长数字前加正方形符号"□"
坡度	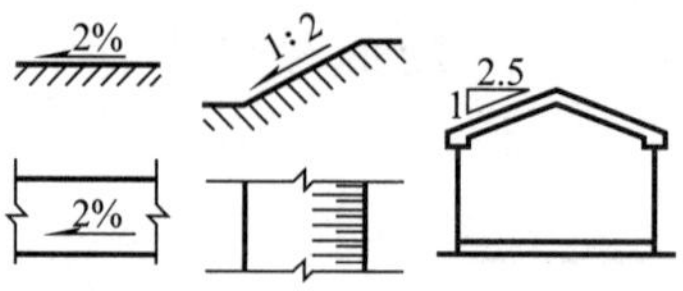	标注坡度时，在坡度数字下应加注坡度符号，坡度符号为单面箭头，一般指向下坡方向。 坡度也可用直角三角形形式标注，如右侧的例图所示。 图中在坡面高的一侧水平边上所画的垂直于水平边的长短相同的等距细实线，称为示坡线，也可用它来表示坡面
角度、弧长与弦长	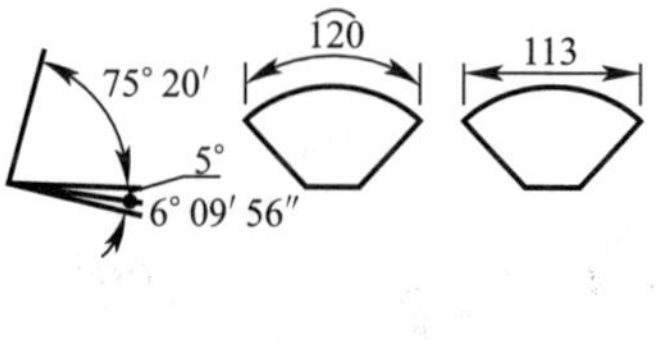	如左方的例图所示，角度的尺寸线是圆弧，圆心是角顶，角边是尺寸界线。尺寸起止符号用箭头；如没有足够的位置画箭头，可用圆点代替。角度的数字应水平方向注写。 如中间例图所示，标注弧长时，尺寸线为同心圆弧，尺寸界线垂直于该圆弧的弦，起止符号用箭头，弧长数字上方加圆弧符号。 如右方的例图所示，圆弧的弦长的尺寸线应平行于弦，尺寸界线垂直于弦

注写的内容	注法示例	说　明
连续排列的等长尺寸	180　5×100=500　60	可用"个数×等长尺寸＝总长"的形式标注
相同要素	6×φ30　φ120　φ200	当构配件内的构造要素（如孔、槽等）相同时，可仅标注其中一个要素的尺寸及个数

4）标高

在房屋建筑中，建筑物的高度用标高表示。标高分为相对标高和绝对标高两种。一般以建筑物底层室内地面作为相对标高的零点；我国把青岛市外的黄海海平面作为零点所测定的高度尺寸称为绝对标高。

各类图上的标高符号如图 3-17 所示。标高符号的尖端应指至被标注的高度，尖端可向下也可向上。在施工图中一般注写到小数点后三位即可；在总平面图中则注写到小数点后两位。零点标高注写成±0.000，负标高数字前必须加注"－"，正标高数字前不写"＋"。标高单位除建筑总平面图以米为单位外，其余一律以毫米为单位。

在建施图中的标高数字表示其完成面的数值。

图 3-17　标高符号

2. 施工图的图示方法及内容

如前所述，房屋建筑施工图包括建筑施工图、结构施工图和设备施工图。下面仅介绍建筑施工图的图示方法及内容。

（1）建筑总平面图

1）建筑总平面图的图示方法

建筑总平面图是新建房屋所在地域的一定范围内的水平投影图。

建筑总平面图是将拟建工程四周一定范围内的新建、拟建、原有和将拆除的建筑物、构筑物连同其周围的地形地物状况，用水平投影方法画出的图样。由于总平面图绘图比例较小，图中的原有房屋、道路、绿化、桥梁边坡、围墙及新建房屋等均是用图例表示。

总平面图的常用图例见表 3-8 所列。

总平面图的常用图例 表 3-8

名 称	图 例	说 明	名 称	图 例	说 明
新建的建筑物	6	1. 需要时，可在图形内右上角以点数或数字（高层宜用数字）表示层数； 2. 用粗实线表示	原有的道路		
			计划扩建的道路		
			人行道		
原有的建筑物		1. 应注明拟利用者； 2. 用细实线表示	拆除的道路		
计划扩建的预留地或建筑物		用中虚线表示	公路桥		
拆除的建筑物		用细实线表示	敞棚或敞廊		
围墙及大门		1. 上图为砖石、混凝土或金属材料的围墙，下图为镀锌钢丝网、篱笆等围墙； 2. 如仅表示围墙时不画大门	铺砌场地		
			针叶乔木		
坐标	X105.00 / Y425.00 / A131.51 / B278.25	上图表示测量坐标；下图表示施工坐标	阔叶乔木		
			针叶灌木		
填挖边坡		边坡较长时，可在一端或两端局部表示	阔叶灌木		
护坡					
新建的道路	6 101.00 R9 ▼150.00	1. R9 表示道路转弯半径为 9m，150 为路面中心标高，6 表示6%纵向坡度，101.00 表示变坡点间距离； 2. 图中斜线为道路断面示意，根据实际需要绘制	修剪的树篱		
			草地		
			花坛		

2) 总平面图的图示内容

① 新建建筑物的定位

新建建筑物的定位一般采用两种方法，一是按原有建筑物或原有道路定位；二是按坐标定位。采用坐标定位又分为采用测量坐标定位和建筑坐标定位两种（图 3-18）。

图 3-18 新建建筑物定位方法
(a) 测量坐标定位；(b) 建筑坐标定位

A 测量坐标定位：在地形图上用细实线画成交叉十字线的坐标网，X 为南北方向的轴线，Y 为东西方向的轴线，这样的坐标网称为测量坐标网。

B 建筑坐标定位：建筑坐标一般在新开发区，房屋朝向与测量坐标方向不一致时采用。

② 标高

在总平面图中，标高以米为单位，并保留至小数点后两位。

③ 指北针

指北针用来确定新建房屋的朝向，其符号如图 3-19 所示。

④ 建筑红线

各地方国土管理部门提供给建设单位的地形图为蓝图，在蓝图上用红色笔画定的土地使用范围的线称为建筑红线。任何建筑物在设计和施工中均不能超过此线。

图 3-19 指北针

⑤ 管道布置与绿化规划

⑥ 附近的地形地物，如等高线、道路、围墙、河流、水沟和池塘等与工程有关的内容。

（2）建筑平面图

1）建筑平面图的图示方法

假想用一个水平剖切平面沿房屋的门窗洞口的位置把房屋切开，移去上部之后，画出的水平剖面图称为建筑平面图，简称平面图。沿底层门窗洞口切开后得到的平面图，称为底层平面图，沿二层门窗洞口切开后得到的平面图，称为二层平面图，依次可以得到三层、四层的平面图。当某些楼层平面相同时，可以只画出其中一个平面图，称其为标准层平面图。房屋屋顶的水平投影图称为屋顶平面图。

凡是被剖切到的墙、柱断面轮廓线用粗实线画出，其余可见的轮廓线用中实线或细实线，尺寸标注和标高符号均用细实线，定位轴线用细单点长画线绘制。砖墙一般不画图例，钢筋混凝土的柱和墙的断面通常涂黑表示。

常用门、窗图例如图 3-20、图 3-21 所示，建筑平面图中部分常用图例如图 3-22 所示。

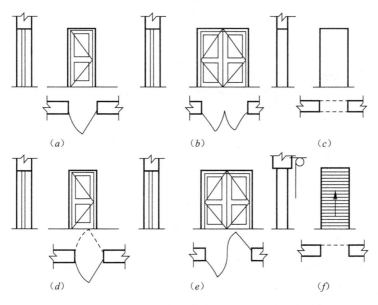

图 3-20 门图例

（a）单扇门；（b）双扇门；（c）空门洞；（d）单扇双面弹簧门；（e）双扇双面弹簧门；（f）卷帘门

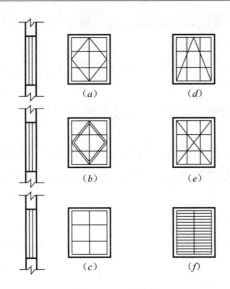

图 3-21 窗图例
(a) 单扇外开平开窗；(b) 双扇内外开平开窗；(c) 单扇固定窗；(d) 单扇外开上悬窗；
(e) 单扇中悬窗；(f) 百叶窗

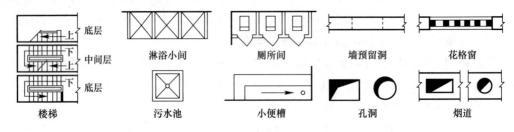

图 3-22 建筑平面图中常用图例

2) 建筑平面图的图示内容

① 表示墙、柱、内外门窗位置及编号、房间的名称或编号、轴线编号。

为编制概预算时统计与施工备料方便，平面图上所用的门窗都应进行编号。门常用"M1"、"M2"等表示，窗常用"C1"、"C2"等表示。在建筑平面图中，定位轴线用来确定房屋的墙、柱、梁等的位置和作为标注定位尺寸的基线。定位轴线的编号宜标注在图样的下方与左侧，横向编号应用阿拉伯数字，从左至右顺序编写，竖向编号应用大写拉丁字母，从下至上顺序编写，拉丁字母中的 I、O 及 Z 三个字母不得作轴线编号，以免与数字 1、0 及 2 混淆（图 3-23）。

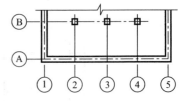

图 3-23 定位轴线的编号

② 注出室内外的有关尺寸及室内楼、地面的标高。

建筑平面图中的尺寸有外部尺寸和内部尺寸两种。

A. 外部尺寸。在水平方向和竖直方向各标注三道，最外一道尺寸标注房屋水平方向的总长、总宽，称为总尺寸；中间一道尺寸标注房屋的开间、进深，称为轴线尺寸（一般情况下两横墙之间的距离称为"开间"；两纵墙之间的距离称为"进深"）。最里边一道尺寸以轴线定位的标注房屋外墙的墙段及门窗洞口尺寸，称为细部尺寸。

B. 内部尺寸。应标注各房间长、宽方向的净空尺寸、墙厚及轴线的关系、柱子截面、房屋内部门窗洞口、门垛等细部尺寸。

在房屋建筑工程中，各部位的高度都用标高来表示。在平面图中所标注的标高均为相对标高。底层室内地面的标高一般用±0.000 表示。

③ 表示电梯、楼梯的位置及楼梯的上下行方向。

④ 表示阳台、雨篷、踏步、斜坡、通气竖道、管线竖井、烟囱、消防梯、雨水管、散水、排水沟、花池等位置及尺寸。

⑤ 画出卫生器具、水池、工作台、橱、柜、隔断及重要设备位置。

⑥ 表示地下室、地坑、地沟、各种平台、检查孔、墙上留洞、高窗等位置尺寸与标高。对于隐蔽的或者在剖切面以上部位的内容，应以虚线表示。

⑦ 画出剖面图的剖切符号及编号（一般只标注在底层平面图上）。

⑧ 标注有关部位上节点详图的索引符号。

⑨ 在底层平面图附近绘制出指北针。

⑩ 屋面平面图一般内容有：女儿墙、檐沟、屋面坡度、分水线与落水口、变形缝、楼梯间、水箱间、天窗、上人孔、消防梯以及其他构筑物、索引符号等。

图 3-24 为某住宅楼平面图。

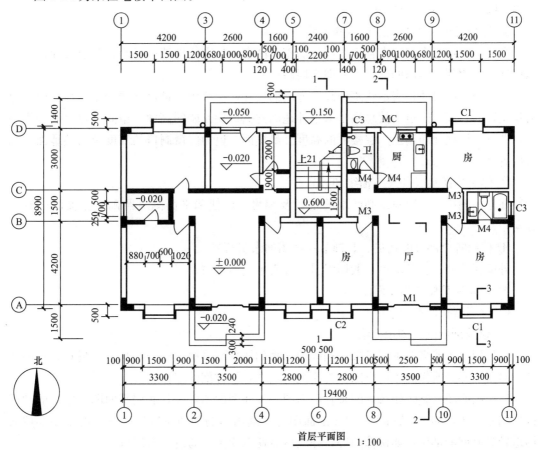

图 3-24 某住宅楼平面图

(3) 建筑立面图

1) 建筑立面图的图示方法

在与房屋的四个主要外墙面平行的投影面上所绘制的正投影图称为建筑立面图，简称立面图。反映建筑物正立面、背立面、侧立面特征的正投影图，分别称为正立面图、背立面图和侧立面图，侧立面图又分左侧立面图和右侧立面图。立面图也可以按房屋的朝向命名，如东立面图、西立面图、南立面图、北立面图。此外，立面图还可以用各立面图的两端轴线编号命名，如①～⑦立面图、⑧～Q立面图等。

为使建筑立面图轮廓清晰、层次分明，通常用粗实线表示立面图的最外轮廓线。外形轮廓线以内的细部轮廓，如凸出墙面的雨篷、阳台、柱、窗台、台阶、屋檐的下檐线以及窗洞、门洞等用中粗线画出。其余轮廓如腰线、粉刷线、分格线、落水管以及引出线等均采用细实线画出。地平线用标准粗度的 1.2～1.4 倍的加粗线画出。

较简单的对称式建筑物或对称的构配件等，立面图可绘制一半，并在对称轴线处画对称符号。

2) 建筑立面图的图示内容

① 表明建筑物外貌形状、门窗和其他构配件的形状和位置，主要包括室外的地面线、房屋的勒脚、台阶、门窗、阳台、雨篷；室外的楼梯、墙和柱；外墙的预留孔洞、檐口、屋顶、雨水管、墙面修饰构件等。

② 外墙各个主要部位的标高和尺寸

立面图中用标高表示出各主要部位的相对高度，如室内外地面标高、各层楼面标高及檐口标高。相邻两楼面的标高之差即为层高。

立面图中的尺寸是表示建筑物高度方向的尺寸，一般用三道尺寸线表示。最外面一道为建筑物的总高。建筑物的总高是从室外地面到檐口女儿墙的高度。中间一道尺寸线为层高，即下一层楼地面到上一层楼面的高度。最里面一道为门窗洞口的高度及与楼地面的相对位置。

③ 建筑物两端或分段的轴线和编号

在立面图中，一般只绘制两端的轴线及编号，以便和平面图对照确定立面图的观看方向。

④ 标出各个部分的构造、装饰节点详图的索引符号

外墙面装修材料及颜色一般用索引符号表示具体做法。

图 3-25 为某住宅楼立面图。

(4) 建筑剖面图

1) 建筑剖面图的图示方法

假想用一个或多个垂直于外墙轴线的铅垂剖切平面将房屋剖开，移去靠近观察者的部分，对留下部分所作的正投影图称为建筑剖面图，简称剖面图。

建筑剖面图是整幢建筑物的垂直剖面图。剖面图的图名应与底层平面图上标注的剖切符号编号一致，如 1-1 剖面图、2-2 剖面图等。剖面图的剖切位置选择房屋的主要部位或构造较为典型的部位，如楼梯间等，并应尽量使剖切平面通过门窗洞口。

剖面图一般表示房屋在高度方向的结构形式。如墙身与室外地面散水，与室内地面、

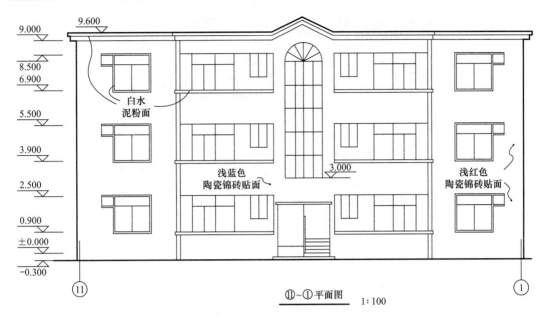

图 3-25 某住宅楼立面图

防潮层、各层楼面、梁的关系，墙身上的门、窗洞口的位置，屋顶的形式，室内的门、窗洞口、楼梯、踢脚、墙裙等可见部分均要表示出来。凡是被剖切到的墙、板、梁等构件的断面轮廓线用粗实线表示，而没有被剖切到的其他构件的轮廓线，则常用中实线或细实线表示。

2) 建筑剖面图的图示内容

① 墙、柱及其定位轴线

与建筑立面图一样，剖面图中一般只需画出两端的定位轴线及编号，以便与平面图对照。需要时也可以注出中间轴线。

② 室内底层地面、地沟，各层的楼面、顶棚、屋顶、门窗、楼梯、阳台、雨篷、墙洞、防潮层、室外地面、散水、踢脚板等能看到的内容。

③ 各个部位完成面的标高，包括室内外地面、各层楼面、各层楼梯平台、檐口或女儿墙顶面、楼梯间顶面、电梯间顶面等部位。

④ 各部位的高度尺寸

建筑剖面图中高度方向的尺寸包括外部尺寸和内部尺寸。外部尺寸的标注方法与立面图相同，包括三道尺寸：门、窗洞口的高度，层间高度，总高度。内部尺寸包括地坑深度、隔断、搁板、平台、室内门窗等的高度。

⑤ 楼面和地面的构造。一般采用引出线指向所说明的部位，按照构造的层次顺序，逐层加以文字说明。

⑥ 详图的索引符号

建筑剖面图中不能详细表示清楚的部位应引出索引符号，另用详图表示。详图索引符号如图 3-26 所示。

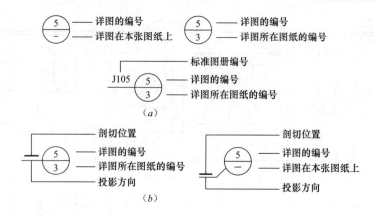

图 3-26 详图索引符号
(a) 详图索引符号；(b) 局部剖切索引符号

图 3-27 为某住宅楼剖面图。

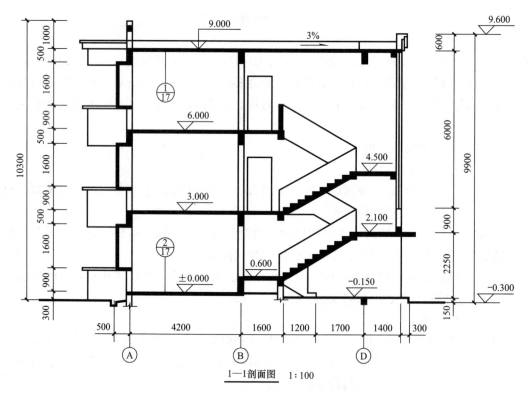

图 3-27 某住宅楼剖面图

(5) 建筑详图

需要绘制详图或局部平面放大图的位置一般包括内外墙节点、楼梯、电梯、厨房、卫生间、门窗、室内外装饰等。

详图符号如图 3-28 所示。

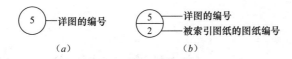

图 3-28 详图符号
(a) 详图与被索引图在同一张图纸上；(b) 详图与被索引图不在同一张图纸上

3. 施工图的识读

（1）房屋建筑施工图的识读方法

1）总揽全局

识读施工图前，先阅读建筑施工图，建立起建筑物的轮廓概念，了解和明确建筑施工图平面、立面、剖面的情况。在此基础上，阅读结构施工图目录，对图样数量和类型做到心中有数。阅读结构设计说明，了解工程概况及所采用的标准图等。粗读结构平面图，了解构件类型、数量和位置。

2）循序渐进

根据投影关系、构造特点和图纸顺序，从前往后、从上往下、从左往右、由外向内、由大到小、由粗到细反复阅读。

3）相互对照

识读施工图时，应将图样与说明对照看，建施图、结施图、设施图对照看，基本图与详图对照看。

4）重点细读

以不同工种身份，有重点地细读施工图，掌握施工必需的重要信息。

（2）房屋建筑施工图的识读步骤

识读施工图的一般顺序如下：

1）阅读图纸目录

根据目录对照检查全套图纸是否齐全，标准图和重复利用的旧图是否配齐，图纸有无缺损。

2）阅读设计总说明

了解本工程的名称、建筑规模、建筑面积、工程性质以及采用的材料和特殊要求等。对本工程有一个完整的概念。

3）通读图纸

按建施图、结施图、设施图的顺序对图纸进行初步阅读，也可根据技术分工的不同进行分读。读图时，按照先整体后局部，先文字说明后图样，先图形后尺寸的顺序进行。

4）精读图纸

在对图纸分类的基础上，对图纸及该图的剖面图、详图进行对照、精细阅读，对图样上的每个线面、每个尺寸都务必认清看懂，并掌握它与其他图的关系。

四、建筑施工技术

（一）地基与基础工程

1. 岩土的工程分类

在建筑施工中，按照施工开挖的难易程度将土分为八类，见表 4-1 所列，其中，一～四类为土，五～八类为岩石。

土的工程分类　　　　　　　　表 4-1

类　别	土的名称	现场鉴别方法	可松性系数	
			K_s	K_s'
第一类 （松软土）	砂，粉土，冲积砂土层，种植土，泥炭（淤泥）	用锹挖掘	1.08～1.17	1.01～1.04
第二类 （普通土）	粉质黏土，潮湿的黄土，夹有碎石、卵石的砂，种植土，填筑土和粉土	用锄头挖掘	1.14～1.28	1.02～1.07
第三类 （坚土）	软及中等密实黏土，重粉质、粉质黏土，粗砾石，干黄土及含碎石、卵石的黄土，压实填土	用镐挖掘	1.24～1.30	1.04～1.07
第四类 （砂砾坚土）	重粉质黏土及含碎石、卵石的黏土，粗卵石，密实的黄土，天然级配砂石，软泥灰岩和蛋白石	用镐挖掘吃力，冒火星	1.26～1.37	1.06～1.09
第五类 （软石）	硬石炭纪黏土，中等密实白垩土，胶结不紧的砾岩，软的石灰岩的页岩、泥灰岩	用风镐、大锤等	1.30～1.45	1.10～1.20
第六类 （次坚石）	泥岩，砂岩，砾岩，坚实的页岩，泥灰岩，密实的石灰岩，风化花岗岩，片麻岩	用爆破，部分用风镐	1.30～1.45	1.10～1.20
第七类 （坚石）	大理岩，辉绿岩，玢岩，粗、中粒花岗岩，坚实的白云岩，砂岩，砾岩，片麻岩，石灰岩	用爆破方法	1.30～1.45	1.10～1.20
第八类 （特坚石）	安山岩，玄武岩，花岗片麻岩，坚实细粒花岗岩、闪长岩、石英岩、辉长岩、辉绿岩、玢岩	用爆破方法	1.45～1.50	1.20～1.30

2. 基坑（槽）开挖、支护及回填方法

（1）基坑（槽）开挖

1）工艺流程

2）施工要点

① 浅基坑（槽）开挖，应先进行测量定位，抄平放线，定出开挖长度。

② 按放线分块（段）分层挖土。根据土质和水文情况，采取在四侧或两侧直立开挖或放坡，以保证施工操作安全。

③ 在地下水位以下挖土。应在基坑（槽）四侧或两侧挖好临时排水沟和集水井，或采用井点降水，将水位降低至坑、槽底以下 500mm，以利土方开挖。降水工作应持续到基础（包括地下水位下回填土）施工完成。雨期施工时，基坑（槽）应分段开挖，挖好一段浇筑一段垫层，并在基槽两侧围以土堤或挖排水沟，以防地面雨水流入基坑槽，同时应经常检查边坡和支撑情况，以防止坑壁受水浸泡造成塌方。

④ 基坑开挖应尽量防止对地基土的扰动。当基坑挖好后不能立即进行下道工序时，应预留 15~30cm 一层土不挖，待下道工序开始再挖至设计标高。采用机械开挖基坑时，为避免破坏基底土，应在基底标高以上预留 15~30cm 的土层由人工挖掘修整。

⑤ 基坑开挖时。应对平面控制桩、水准点、基坑平面位置、水平标高、边坡坡度等经常复测检查。

⑥ 基坑挖完后应进行验槽，做好记录，当发现地基土质与地质勘探报告、设计要求不符时，应及时与有关人员研究处理。

（2）基坑支护

1）钢板桩施工

钢板桩支护具有施工速度快、可重复使用的特点。常用的钢板桩有 U 形和 Z 形，还有直腹板式、H 形和组合式钢板桩。常用的钢板桩施工机械有自由落锤、气动锤、柴油锤、振动锤，使用较多的是振动锤。

2）水泥土墙施工

深层搅拌水泥土桩墙。是采用水泥作为固化剂，通过特制的深层搅拌机械，在地基深处就地将软土和水泥强制搅拌形成水泥土，利用水泥和软土之间所产生的一系列物理、化学反应，使软土硬化成整体性的并有一定强度的挡土、防渗墙。

3）地下连续墙施工

用特制的挖槽机械，在泥浆护壁下开挖一个单元槽段的沟槽，清底后放入钢筋笼，用导管浇筑混凝土至设计标高，一个单元槽段即施工完毕。各单元槽段间由特制的接头连接，形成连续的钢筋混凝土墙体。工程开挖土方时，地下连续墙可用做支护结构，既挡土又挡水，地下连续墙还可同时用做建筑物的承重结构。

（3）土方回填压实

土方回填压实工艺流程如下：

（二）砌体工程

1. 砌体工程的种类

根据砌筑主体的不同，砌体工程可分为砖砌体工程、石砌体工程、砌块砌体工程、配筋砌体工程。

(1) 砖砌体

由砖和砂浆砌筑而成的砌体称为砖砌体。砖有烧结黏土砖、烧结多孔砖、蒸压灰砂砖、粉煤灰砖、混凝土砖等，并有实心砖和空心砖两种形式。

(2) 石砌体

由石材和砂浆砌筑的砌体称为石砌体。常用的石砌体有料石砌体、毛石砌体、毛石混凝土砌体。

(3) 砌块砌体

由砌块和砂浆砌筑的砌体称为砌块砌体。常用的砌块砌体有混凝土空心砌块砌体、加气混凝土砌块砌体、水泥炉渣空心砌块砌体、粉煤灰硅酸盐砌块砌体等。

(4) 配筋砌体

为了提高砌体的受压承载力和减小构件的截面尺寸，可在砌体内配置适量的钢筋形成配筋砌体。由于钢筋混凝土中，砌体仅限于围护与隔断作用，属于自承重构件，因此，配筋砌体的使用越来越少。

2. 砌体施工工艺

(1) 砖砌体

1) 施工工艺流程

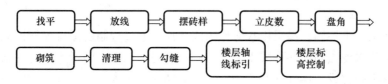

2) 施工要点

① 找平、放线：砌筑前，在基础防潮层或楼面上先用水泥砂浆或细石混凝土找平，然后在龙门板上以定位钉为标志，弹出墙的轴线、边线，定出门窗洞口位置，如图 4-1 所示。

② 摆砖：摆砖是指在放线的基面上按选定的组砌形式用干砖试摆。一般在房屋外纵墙方向摆顺砖，在山墙方向摆丁砖，摆砖由一个大角摆到另一个大角，砖与砖留 10mm 缝隙。摆砖的目的是为了校对放出的墨线在门窗洞口、附墙垛等处是否符合砖的模数，以尽可能减少砍砖，并使砌体灰缝均匀，组砌得当。

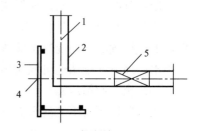

图 4-1 墙身放线
1—墙轴线；2—墙边线；3—龙门板；
4—墙轴线标志；5—门洞位置标志

③ 立皮数杆：皮数杆是指在其上划有每皮砖和灰缝厚度，以及门窗洞口、过梁、楼板、梁底、预埋件等标高位置的一种木制标杆，如图 4-2 所示。它是砌筑时控制每皮砖的竖向尺寸，并使铺灰、砌砖的厚度均匀，洞口及构件位置留设正确，同时还可以保证砌体的垂直度。

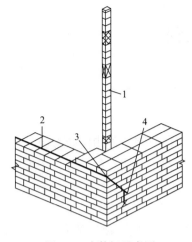

图 4-2 皮数杆示意图
1—皮数杆；2—准线；
3—竹片；4—圆铁钉

皮数杆一般立于房屋的四大角、内外墙交接处、楼梯间以及洞口多的地方。一般可每隔 10~15m 立一根。皮数杆的设立，应有两个方向斜撑或锚钉加以固定，以保证其固定和垂直。一般每次开始砌砖前应用水准仪校正标高，并检查一遍皮数杆的垂直度和牢固程度。

④ 盘角、砌筑：砌筑时应先盘角，盘角是确定墙身两面横平竖直的主要依据，盘角时主要大角不宜超过 5 皮砖，且应随砌随盘，做到"三皮一吊，五皮一靠"，对照皮数杆检查无误后，才能挂线砌筑中间墙体。为了保证灰缝平直，要挂线砌筑。一般一砖墙单面挂线，一砖半以上砖墙则宜双面挂线。

⑤ 清理勾缝：当该层该施工面墙体砌筑完成后，应及时对墙面和落地灰进行清理。

勾缝是清水砖墙的最后的一道工序，具有保护墙面和增加墙面美观的作用。墙面勾缝有采用砌筑砂浆随砌随勾缝的原浆勾缝和加浆勾缝，加浆勾缝系指在砌筑几皮砖以后，先在灰缝处划出 1cm 深的灰槽。待砌完整个墙体以后，再用细砂拌制 1∶1.5 水泥砂浆勾缝，勾缝完的墙面应及时清扫。

⑥ 楼层轴线引测：为了保证各层墙身轴线的重合和施工方便，在弹墙身线时，应根据龙门板上标注的轴线位置将轴线引测到房屋的外墙基上，二层以上各层墙的轴线，可用经纬仪或锤球引测到楼层上去，同时还须根据图上轴线尺寸用钢尺进行校核。

⑦ 楼层标高的控制：各层标高除立皮数杆控制外，还可弹出室内水平线进行控制。底层砌到一定高度后，在各层的里墙身，用水准仪根据龙门板上的±0.000 标高，引出统一标高的测量点（一般比室内地坪高出 200~500mm），然后在墙角两点弹出水平线，依次控制底层过梁、圈梁和楼板底标高。当楼层墙身砌到一定高度后，先从底层水平线用钢尺往上量各层水平控制线的第一个标志，然后以此标志为准，用水准仪引测再定出各层墙面的水平控制线，以此控制各层标高。

2) 砌块砌体

砌块砌体施工工艺流程如下：

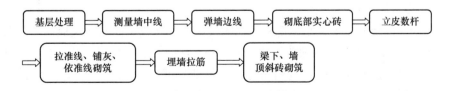

(3) 毛石砌体

毛石砌体施工工艺流程如下：

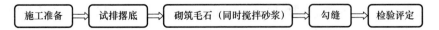

（三）钢筋混凝土工程

1. 常见的模板种类

（1）组合式模板

组合式模板是在现代模板技术中具有通用性强、装拆方便、周转使用次数多的一种新型模板，用它进行现浇混凝土结构施工。可事先按设计要求组拼成梁、柱、墙、楼板的大型模板，整体吊装就位，也可采用散支散拆方法。

（2）工具式模板

工具式模板是针对工程结构构件的特点，研制开发的可持续周转使用的专用性模板。包括大模板、滑动模板、爬升模板、飞模、模壳等。

1）大模板

大模板是大型模板或大块模板的简称。它的单块模板面积大，通常是以一面现浇墙使用一块模板，区别于组合钢模板和钢框胶合板模板，故称大模板。

2）滑动模板

滑动模板（简称滑模）施工，是现浇混凝土工程的一项施工工艺，与常规施工方法相比，这种施工工艺具有施工速度快、机械化程度高、可节省支模和搭设脚手架所需的工料、能较方便地将模板进行拆散和灵活组装并可重复使用的特点。

3）爬升模板

爬升模板是综合大模板与滑动模板工艺和特点的一种模板工艺，具有大模板和滑动模板共同的优点。尤其适用于超高层建筑施工。爬升模板（即爬模），是一种适用于现浇钢筋混凝土竖向（或倾斜）结构的模板工艺，如墙体、电梯井、桥梁、塔柱等。

4）飞模

飞模是一种大型工具式模板，因其外形如桌，故又称桌模或台模。由于它可以借助起重机械从已浇筑完混凝土的楼板下吊运飞出转移到上层重复使用，故称飞模。

飞模主要由平台板、支撑系统（包括梁、支架、支撑、支腿等）和其他配件（如升降和行走机构等）组成。适用于大开间、大柱网、大进深的现浇钢筋混凝土楼盖施工，尤其适用于现浇板柱结构（无柱帽）楼盖的施工。

5）密肋楼板模壳

钢筋混凝土现浇密肋楼板是由薄板和间距较小的双向或单向密肋组成的，其薄板厚度一般为60～100mm，小肋高一般为300～500mm，从而加大了楼板的截面有效高度，减少了混凝土的用量，这样在相同跨度的条件下，可节省混凝土30%～50%，钢筋40%，使楼板的自重减轻，抗震性能好，造型新颖美观，密肋楼板能取得很好的技术经济效益，关键因素决定于模壳，其次是支撑系统。

（3）永久性模板

永久性模板，亦称一次性消耗模板，是在结构构件混凝土浇筑后模板不拆除，并构成构件受力或非受力的组成部分。

1) 压型钢板模板

压型钢板模板，是采用镀锌或经防腐处理的薄钢板，经成型机冷轧成具有梯波形截面的槽型钢板或开口式方盒状钢壳的一种工程模板材料。

压型钢板模板具有加工容易，重量轻，安装速度快，操作简便和取消支、拆模板的繁琐工序等优点。

2) 预应力混凝土薄板模板

预应力混凝土薄板模板，一般是在构件预制工厂的台座上生产，通过施加预应力配筋制作成的一种预应力混凝土薄板构件，这种薄板主要应用于现浇钢筋混凝土楼板工程，薄板本身既是现浇楼板的永久性模板，又是构成楼板的受力结构部分（当与楼板的现浇混凝土叠合后），与楼板组成组合板，或构成楼板的非受力结构部分，只作永久性模板使用。

2. 钢筋工程施工工艺

（1）钢筋加工

1) 钢筋除锈

钢筋的表面应洁净。油渍、漆污和用锤敲击时能剥落的浮皮、铁锈等应在使用前清除干净。在焊接前，焊点处的水锈应清除干净。

钢筋的除锈，一般可通过以下两个途径：一是在钢筋冷拉或钢丝调直过程中除锈，对大量钢筋的除锈较为经济省力；二是用机械方法除锈。如采用电动除锈机除锈，对钢筋的局部除锈较为方便。还可采用手工除锈（用钢丝刷、沙盘）、喷砂和酸洗除锈等。

2) 钢筋调直

钢筋的调直是在钢筋加工成型之前，对热轧钢筋进行矫正，使钢筋成为直线的一道工序。钢筋调直的方法分为机械调直和人工调直。以盘圆供应的钢筋在使用前需要进行调直，调直应优先采用机械方法调直，以保证调直钢筋的质量。

3) 钢筋切断

断丝钳切断法：主要用于切断直径较小的钢筋，如钢丝网片、分布钢筋等。

手动切断机：主要用于切断直径在16mm以下的钢筋，其手柄长度可根据切断钢筋直径的大小来调，以达到切断时省力的目的。

液压切断器切断法：切断直径在16mm以上的钢筋。

4) 钢筋弯曲成型

弯曲成型是指将钢筋加工成设计图纸要求的形状。常用弯曲成型设备是钢筋弯曲成型机，也有的采用简易钢筋弯曲成型装置。

（2）钢筋的连接

钢筋的连接可分为两类：绑扎搭接；机械连接或焊接。当受拉钢筋的直径 $d>25mm$ 及受压钢筋的直径 $d>28mm$ 时，不宜采用绑扎搭接接头。

绑扎搭接连接是用20～22号钢丝将两段钢筋扎牢使其连接起来以达到接长的目的。

（3）钢筋安装

钢筋绑扎用的钢丝，可采用20～22号钢丝，其中22号钢丝只用于绑扎直径12mm以下的钢筋。

控制混凝土保护层厚度采用水泥砂浆垫块或塑料卡。水泥砂浆垫块的厚度，应等于保护层厚度。垫块的平面尺寸：当保护层厚度等于或小于 20mm 时为 30mm×30mm，大于 20mm 时为 50mm×50mm。当在垂直方向使用垫块时，可在垫块中埋入 20 号钢丝。

3. 混凝土工程施工工艺

混凝土工程施工包括混凝土拌合料的制备、运输、浇筑、振捣、养护等工艺过程，传统的混凝土拌合料是在混凝土配合比确定后在施工现场进行配料和拌制而成的，近年来，混凝土拌合料的制备实现了工业化生产，大多数城市实现了混凝土集中预拌，商品化供应混凝土拌合料，施工现场的混凝土工程施工工艺减少了制备过程。

（1）混凝土拌合料的运输

1）运输要求

混凝土拌合料自商品混凝土厂装车后，应及时运至浇筑地点。混凝土拌合料运输过程中一般要求：

① 保持其均匀性，不离析、不漏浆；
② 运到浇筑地点时应具有设计配合比所规定的坍落度；
③ 应在混凝土初凝前浇入模板并捣实完毕；
④ 保证混凝土浇筑能连续进行。

2）运输时间

混凝土从搅拌机卸出到浇筑进模后时间间隔不得超过表 4-2 中所列的数值。若使用快硬水泥或掺有促凝剂的混凝土，其运输时间由试验确定，轻骨料混凝土的运输、浇筑延续时间应适当缩短。

混凝土从搅拌机中卸出到浇筑完毕的延续时间（min） 表 4-2

混凝土强度等级	气温低于 25℃	气温高于 25℃
C30 及 C30 以下	120	90
高于 C30	90	60

3）运输方案及运输设备

混凝土拌合料自搅拌站运至工地，多采用混凝土搅拌运输车，在工地内，混凝土运输目前可以选择的组合方案有：

① "泵送"方案；
② "塔式起重机＋料斗"方案。

（2）混凝土浇筑

混凝土浇筑就是将混凝土放入已安装好的模板内并振捣密实以形成符合要求的结构或构件的施工过程，包括布料、振捣、抹平等工序。

1）浇筑前的准备工作

浇筑前的准备工作包括交底、交接、清理等。交底是指施工方案的技术交底，由技术主管向施工技术员和班组长进行交底，交代清楚后分别签字负责。交接是指木工班和钢筋班同时将工作面验收合格后交给混凝土班进行施工，三方签字后由混凝土班负责模板和钢筋工程的半成品保护。清理是指工作面的清理工作。

2）混凝土浇筑的基本要求

① 混凝土应分层浇筑，分层捣实，但两层混凝土浇捣时间间隔不超过规范规定。

② 浇筑应连续作业，在竖向结构中如浇灌高度超过3m时，应采用溜槽或串筒下料。

③ 在浇筑竖向结构混凝土前，应先在浇筑处底部填入50~100mm厚与混凝土内砂浆成分相同的水泥浆或水泥砂浆（接浆处理）。

④ 浇筑过程应经常观察模板及其支架、钢筋、埋设件和预留孔洞的情况，当发现有变形或位移时，应立即快速处理。

3）施工缝的留设和处理

施工缝是新浇筑混凝土与已凝结或已硬化混凝土的结合面。由于新旧混凝土的结合力较差，故施工缝处是构件中的薄弱环节。为保证结构的整体性，混凝土的浇筑应连续进行，尽量缩短间歇时间。如因施工组织或技术上的原因不能连续浇筑，混凝土运输、浇筑及中间的间歇时间超过混凝土的凝结时间，则应留置施工缝。

留置施工缝的位置应事先确定，施工缝应留在结构受剪力较小且便于施工的部位。柱子应留水平缝，梁、板和墙应留垂直缝。

施工缝的处理：在施工缝处继续浇筑混凝土时，应待浇筑的混凝土抗压强度不小于1.2MPa方可进行，以抵抗继续浇筑混凝土的扰动，而且应对施工缝进行处理。一般是将混凝土表面凿毛、清洗、清除水泥浆膜和松动石子或软弱混凝土层，再满铺一层厚10~15mm的水泥浆或与混凝土同水灰比的水泥砂浆，方可继续浇筑混凝土。施工缝处混凝土应细致捣实，使新旧混凝土紧密结合。

4）混凝土振捣

在浇筑过程中，必须使用振捣工具振捣混凝土，尽快将拌合物中的空气振出，将混凝土拌合料中的空气赶出来，因为空气含量太多的混凝土会降低强度。用于振捣密实混凝土拌合物的机械，按其作业方式可分为：内部振动器、表面振动器、外部振动器和振动台。

(3) 混凝土养护

养护方法有：自然养护、蒸汽养护、蓄热养护等。

对混凝土进行自然养护，是指在平均气温高于+5℃的条件下于一定时间内使混凝土保持湿润状态。自然养护又可分为洒水养护和喷洒塑料薄膜养生液养护等。

洒水养护是用吸水保温能力较强的材料（如草帘、芦席、麻袋、锯末等）将混凝土覆盖，经常洒水使其保持湿润。养护时间长短取决于水泥品种，硅酸盐水泥、普通硅酸盐水泥和矿渣硅酸盐水泥拌制的混凝土，不少于7d；火山灰质硅酸盐水泥和粉煤灰硅酸盐水泥拌制的混凝土不少于14d；有抗渗要求的混凝土不少于14d。洒水次数以能保持混凝土具有足够的润湿状态为宜。养护初期和气温较高时应增加洒水次数。

喷洒塑料薄膜养生液养护适用于不易洒水养护的高耸构筑物和大面积混凝土结构及缺水地区。

对于表面积大的构件（如地坪、楼板、屋面、路面等），也可用湿土、湿砂覆盖，或沿构件周边用黏土等围住，在构件中间蓄水进行养护。

混凝土必须养护至其强度达到1.2MPa以上，才准在上面行人和架设支架、安装模板，且不得冲击混凝土，以免振动和破坏正在硬化过程中的混凝土的内部结构。

（四）钢结构工程

1. 钢结构的连接

（1）焊接

钢结构工程常用的焊接方法有：药皮焊条手工电弧焊、自动（半自动）埋弧焊、气体保护焊。

1）药皮焊条手工电弧焊：原理是在涂有药皮的金属电极与焊件之间施加电压，由于电极强烈放电导致气体电离，产生焊接电弧，高温下致使焊条和焊件局部熔化，形成气体、熔渣、熔池，气体和熔渣对熔池起保护作用，同时，熔渣与熔池金属产生冶炼反应后凝固成焊渣，冷却凝成焊缝，固态焊渣覆盖于焊缝金属表面后成型。

2）埋弧焊：是当今生产效率较高的机械化焊接方法之一，又称焊剂层下自动电弧焊。焊丝与母材之间施加电压并相互接触放弧后使焊丝端部及电弧区周围的焊剂及母材熔化，形成金属熔滴、熔池及熔渣。金属熔池受到浮于表面的熔渣和焊剂蒸气的保护，不与空气接触，避免有害气体侵入。埋弧焊焊接具有质量稳定、焊接生产率高、无弧光烟尘少等优点，是压力容器、管段制造、焊接 H 型钢、十字形、箱形截面梁柱制作的主要方法。自动埋弧焊设备由交流或直流焊接电源、焊接小车、控制盒、电缆等附件组成。

3）气体保护焊：包括钨极氩弧焊（TIG）、熔化极气体保护焊（GMAW）。目前应用较多的是 CO_2 气体保护焊。

CO_2 气体保护焊是采用喷枪喷出 CO_2 气体作为电弧焊的保护介质，使熔化金属与空气隔绝，保护焊接过程的稳定。用于钢结构的 CO_2 气体保护焊按焊丝分为：实心焊丝 CO_2 气体保护焊（GMAW）和药芯焊丝 CO_2 气体保护焊（FCAW）。按熔滴过渡形式分为：短路过渡、滴状过渡、射滴过渡。按保护气体性质分为：纯 CO_2 气体保护焊和 $Ar+CO_2$ 气体保护焊。

（2）螺栓连接

1）普通螺栓连接

建筑钢结构中常用的普通螺栓牌号为 Q235，很少采用其他牌号的钢材制作。普通螺栓强度等级要低，一般为 4.4S、4.8S、5.6S 和 8.8S。例如 4.8S，"S"表示级，"4"表示栓杆抗拉强度为 400MPa，0.8 表示屈强比，则屈服强度为 400×0.8=320MPa。建筑钢结构中使用的普通螺栓，一般为六角头螺栓，常用规格有 M8、M10、M12、M16、M20、M24、M30、M36、M42、M48、M56、M64 等。普通螺栓质量等级按加工制作质量及精度分为 A、B、C 三个等级，A 级加工精度最高，C 级最差，A 级螺栓为精制螺栓，B 级螺栓为半精制螺栓，A、B 级适用于拆装式结构或连接部位需传递较大剪力的重要结构中，C 级螺栓为粗制螺栓，由圆钢压制而成，适用于钢结构安装中的临时固定，或用于承受静载的次要连接。普通螺栓可重复使用，建筑结构主结构螺栓连接，一般应选用高强螺栓，高强螺栓不可重复使用，属于永久连接的预应力螺栓。

2）高强度螺栓连接

高强度螺栓按形状不同分为：大六角头型高强度螺栓和扭剪型高强度螺栓。大六角头高强度螺栓一般采用指针式扭力（测力）扳手或预置式扭力（定力）扳手施加预应力，目前使用较多的是电动扭矩扳手，按拧紧力矩的50%进行初拧，然后按100%拧紧力矩进行终拧，大型节点初拧后，按初拧力矩进行复拧，最后终拧。扭剪型高强度螺栓的螺栓头为盘头，栓杆端部有一个承受拧紧反力矩的十二角体（梅花头），和一个能在规定力矩下剪断的断颈槽。扭剪型高强度螺栓通过特制的电动扳手，拧紧时对螺母施加顺时针力矩，对梅花头施加逆时针力矩，终拧至栓杆端部断颈拧掉梅花头为止。

大六角头高强度螺栓连接副，由一个螺栓、一个螺母、两个垫圈组成。扭剪型高强螺栓连接副，由一个螺栓、一个螺母、一个垫圈组成。大六角头螺栓常用的是 8.8S 和 10.9S 这两个强度等级，扭剪型螺栓只有 10.9S，目前扭剪型 10.9S 使用较为广泛。10.9S 中的 10 表示抗拉强度为 1000MPa，9 表示屈服强度比为 0.9，屈服强度为 900MPa。国标扭剪型高强螺栓为 M16、M20、M22、M24 四种，非国标有 M27、M30 两种；国标大六角高强螺栓有 M12、M16、M20、M22、M24、M27、M30 等型号。

（3）自攻螺钉连接

自攻螺钉多用于薄金属板间的连接，连接时先对被连接板制出螺纹底孔，再将自攻螺钉拧入被连接件螺纹底孔中，由于自攻螺钉螺纹表面具有较高硬度（≥HRC45），其螺纹具有弧形三角截面普通螺纹，螺纹表面也具有较高硬度，可在被连接板的螺纹底孔中攻出内螺纹，从而形成连接。

自攻螺钉具有低拧入力矩和高锁紧性能，在轻型钢结构中广泛应用。

自钻自攻螺钉与普通自攻螺钉的不同之处是普通自攻螺钉在连接时，须经过钻孔（钻螺纹底孔）和攻丝（包括紧固连接）两道工序；而自钻自攻螺钉在连接时，是将钻孔和攻丝两道工序合并后一次完成，先用螺钉前面的钻头进行钻孔，接着就用螺钉进行攻丝和紧固连接，可节约施工时间，提高工效。

（4）铆钉连接

铆钉连接按照铆接应用情况，可以分为活动铆接、固定铆接、密缝铆接。固定铆接在桥梁建筑中运用，属于刚性连接。密封铆接在管道容器中应用，活动铆接在建筑工程中一般不使用。

固定铆接的工艺过程为：钻孔、去毛刺、插入铆钉、顶模、机铆成型。铆钉的常用形状有半圆头、平头、沉头铆钉，抽芯铆钉，空心铆钉，通常是利用自身形变进行连接。

铆钉连接根据施工温度不同分为冷铆和热铆，冷铆连接通过高压使铆柱变形，冷流使得铆柱区域产生应力，设备和铆钉间不出现间隙。热铆连接，压缩焊头发热，在铆柱上形成铆钉头所需压力，铆钉头中产生的残余应力较小，热铆可以拆卸，冷铆不可拆卸，铆钉杆直径规格≤8mm 的用冷铆，>8mm 的采用热铆。

2. 钢结构安装

钢结构工程安装工艺流程如下：

五、施工项目管理

（一）概　　述

1. 施工项目的概念

项目是指为达到符合规定要求的目标，按限定时间、限定资源和限定质量标准等约束条件完成的，由一系列相互协调的受控活动组成的特定过程。

施工项目是指建筑企业自施工投标开始到保修期满为止的全部过程中完成的项目。应当注意的是，只有建设项目、单项工程、单位工程的施工活动过程才称得上是施工项目，而分部工程、分项工程不是建筑企业的最终产品，因此它们的活动过程不能称为施工项目，而是施工项目的组成部分。

施工项目具有以下特征：

（1）施工项目是建设项目或其中的单项工程、单位工程的施工活动过程；

（2）建筑企业是施工项目的管理主体；

（3）施工项目的任务范围是由施工合同界定的；

（4）建筑产品具有多样性、固定性、体积庞大的特点。

2. 项目管理与施工项目管理的概念

（1）项目管理

项目管理是指项目管理者为达到项目的目标，运用系统理论和方法对项目进行的策划（规划、计划）、组织、控制、协调等活动过程的总称。

项目管理的对象是项目。项目管理者是项目中各项活动的主体。项目管理的职能同所有管理的职能均是相同的。由于项目的特殊性，要求运用系统的理论和方法进行科学管理，以保证项目目标的实现。

（2）施工项目管理

施工项目管理是指建筑企业运用系统的观点、理论和方法对施工项目进行的决策、计划、组织、控制、协调等全过程的全面管理。

施工项目管理具有如下特点：

1）施工项目管理的主体是建筑企业。其他单位都不进行施工项目管理，例如建设单位对项目的管理称为建设项目管理，设计单位对项目的管理称为设计项目管理。

2）施工项目管理的对象是施工项目。施工项目管理周期包括工程投标、签订施工合同、施工准备、施工、竣工验收、保修等。施工项目具有多样性、固定性和体型庞大等特点,因此施工项目管理具有先有交易活动,后有"生产成品",生产活动和交易活动很难分开等特殊性。

3)施工项目管理的内容是按阶段变化的。由于施工项目各阶段管理内容差异大,因此要求管理者必须进行有针对性的动态管理,要使资源优化组合,以提高施工效率和效益。

4)施工项目管理要求强化组织协调工作。由于施工项目生产活动具有独特性(单件性)、流动性,需露天作业,工期长,需要资源多,且施工活动涉及的经济关系、技术关系、法律关系、行政关系和人际关系复杂,因此,必须通过强化组织协调工作才能保证施工活动的顺利进行。主要强化办法是优选项目经理,建立调度机构,配备称职的调度人员,努力使调度工作科学化、信息化,建立起动态的控制体系。

(二)施工项目管理的内容及组织

1. 施工项目管理的内容

施工项目管理包括以下八方面内容。

(1)建立施工项目管理组织

由企业法定代表人采用适当方式选聘称职的施工项目经理;根据施工项目管理组织原则,结合工程规模、特点,选择合适的组织形式,建立施工项目管理机构,明确各部门、各岗位的责任、权限和利益;在符合企业规章制度的前提下,根据施工项目管理的需要,制定施工项目经理部管理制度。

(2)编制施工项目管理规划

在工程投标前,由企业管理层编制施工项目管理大纲,对施工项目管理从投标到保修期满进行全面的纲要性规划。施工项目管理大纲可以用施工组织设计替代。

在工程开工前,由项目经理组织编制施工项目管理实施规划,对施工项目管理从开工到交工验收进行全面的指导性规划。当承包人以施工组织设计代替项目管理规划时,施工组织设计应满足项目管理规划的要求。

(3)施工项目的目标控制

在施工项目实施的全过程中,应对项目质量、进度、成本和安全目标进行控制,以实现项目的各项约束性目标。控制的基本过程是:确定各项目标控制标准;在实施过程中,通过检查、对比,衡量目标的完成情况;将衡量结果与标准进行比较,若有偏差,分析原因,采取相应的措施以保证目标的实现。

(4)施工项目的生产要素管理

施工项目的生产要素主要包括劳动力、材料、设备、技术和资金。管理生产要素的内容有:分析各生产要素的特点;按一定的原则、方法,对施工项目的生产要素进行优化配置并评价;对施工项目各生产要素进行动态管理。

(5)施工项目的合同管理

为了确保施工项目管理及工程施工的技术组织效果和目标实现,从工程投标开始,就要加强工程承包合同的策划、签订、履行和管理。同时，还应做好索赔工作，讲究索赔的方法和技巧。

（6）施工项目的信息管理

进行施工项目管理和施工项目目标控制、动态管理，必须在项目实施的全过程中，充分利用计算机对项目有关的各类信息进行收集、整理、储存和使用，提高项目管理的科学性和有效性。

（7）施工现场的管理

在施工项目实施过程中，应对施工现场进行科学有效的管理，以达到文明施工、保护环境、塑造良好的企业形象、提高施工管理水平的目的。

（8）组织协调

协调为有效控制服务，协调和控制都是计划目标实现的保证。在施工项目实施过程中，应进行组织协调、沟通和处理好内部及外部的各种关系，排除各种干扰和障碍。

2. 施工项目管理的组织机构

（1）施工项目管理组织的主要形式

施工项目管理组织的形式是指在施工项目管理组织中处理管理层次、管理跨度、部门设置和上下级关系的组织结构的类型。主要的管理组织形式有工作队式、部门控制式、矩阵制式、事业部制式等。

1）工作队式项目组织

如图 5-1 所示，工作队式项目组织是指主要由企业中有关部门抽出管理力量组成施工项目经理部的方式，企业职能部门处于服务地位。

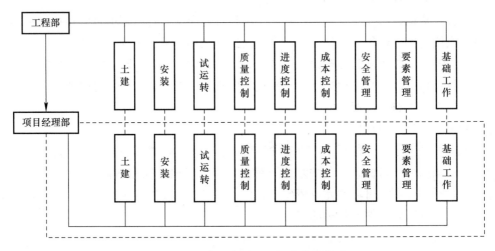

图 5-1　工作队式项目组织形式示意图

2）部门控制式项目组织

部门控制式并不打乱企业的现行建制，把项目委托给企业某一专业部门或某一施工队，由被委托的单位负责组织项目实施，其形式如图 5-2 所示。

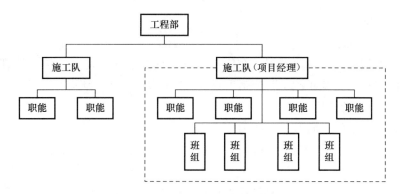

图 5-2 部门控制式项目组织形式示意图

3) 矩阵制项目组织

矩阵制项目组织是指结构形式呈矩阵状的组织，其项目管理人员由企业有关职能部门派出并进行业务指导，接受项目经理的直接领导，其形式如图 5-3 所示。

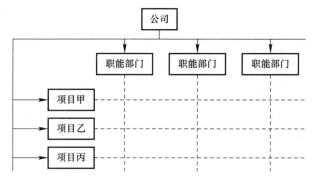

图 5-3 矩阵制项目组织形式示意图

4) 事业部式项目组织

企业成立事业部，事业部对企业来说是职能部门，对外界来说享有相对独立的经营权，是一个独立单位。事业部可以按地区设置，也可以按工程类型或经营内容设置，其形式如图 5-4 所示。事业部能较迅速适应环境的变化，提高企业的应变能力，调动部门的积极性。

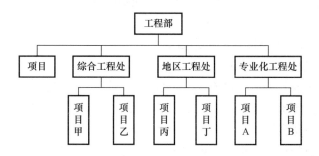

图 5-4 事业部式项目组织形式示意图

在事业部（一般为其中的工程部或开发部，对外工程公司是海外部）下边设置项目经理部。项目经理由事业部选派，一般对事业部负责，有的可以直接对业主负责，这是根据其授权程度决定的。

(2) 施工项目经理部

施工项目经理部是由企业授权,在施工项目经理的领导下建立的项目管理组织机构,是施工项目的管理层,其职能是对施工项目实施阶段进行综合管理。

1) 项目经理部的性质

施工项目经理部的性质可以归纳为以下三方面:

① 相对独立性。施工项目经理部的相对独立性主要是指它与企业存在着双重关系。一方面,它作为企业的下属单位,同企业存在着行政隶属关系,要绝对服从企业的全面领导;另一方面,它又是一个施工项目独立利益的代表,存在着独立的利益,同企业形成一种经济承包或其他形式的经济责任关系。

② 综合性。施工项目经理部的综合性主要表现在以下几方面:

A. 施工项目经理部是企业所属的经济组织,主要职责是管理施工项目的各种经济活动。

B. 施工项目经理部的管理职能是综合的,包括计划、组织、控制、协调、指挥等多方面。

C. 施工项目经理部的管理业务是综合的,从横向看包括人、财、物、生产和经营活动,从纵向看包括施工项目寿命周期的主要过程。

③ 临时性。施工项目经理部是企业一个施工项目的责任单位,随着项目的开工而成立,随着项目的竣工而解体。

2) 项目经理部部门设置

一般项目经理部可设置以下 5 个部门:

① 经营核算部门。主要负责工程预结算、合同与索赔、资金收支、成本核算、工资分配等工作。

② 技术管理部门。主要负责生产调度、文明施工、劳动管理、技术管理、施工组织设计、计划统计等工作。

③ 物资设备供应部门。主要负责材料的询价、采购、计划供应、管理、运输,工具管理,机械设备的租赁配套使用等工作。

④ 质量安全监控管理部门。主要负责工程质量、安全管理、消防保卫、环境保护等工作。

⑤ 测试计量部门。主要负责计量、测量、试验等工作。

3) 项目部岗位设置及职责

根据项目大小不同,人员安排不同,项目部领导层从上往下设置项目经理、项目技术负责人等;项目部设置最基本的六大岗位:施工员、质量员、安全员、资料员、造价员、测量员,其他还有材料员、标准员、机械员、劳务员等。

在现代施工企业的项目管理中,施工项目经理是施工项目的最高责任人和组织者,是决定施工项目盈亏的关键性角色。

项目技术负责人是在项目部经理的领导下,负责项目部施工生产、工程质量、安全生产和机械设备管理工作。

施工员、质量员、安全员、资料员、造价员、测量员、材料员、标准员、机械员、劳务员都是项目的专业人员，是施工现场的管理者。

（三）施工项目目标控制

1. 施工项目目标控制的概念

（1）施工项目进度控制

施工项目进度控制指在既定的工期内，编制出最优的施工进度计划，在执行该计划的施工中，经常检查施工实际进度情况，并将其与计划进度相比较，若出现偏差，便分析产生的原因和对工期的影响程度，找出必要的调整措施，修改原计划，不断地如此循环，直至工程竣工验收。施工项目进度控制的总目标是确保施工项目的合同工期的实现，或者在保证施工质量和不因此而增加施工实际成本的条件下，适当缩短工期。

（2）施工项目质量控制

施工项目质量是指工程满足业主需要的，符合国家法律、法规、技术规范标准、设计文件及合同规定的综合特性。施工项目质量的质量特性主要表现在以下六个方面：

1）适用性，即功能，是指工程满足使用目的的各种性能，包括理化性能、结构性能、使用性能。

2）耐久性，即寿命，是指工程在规定的条件下，满足规定功能要求使用的年限，也就是工程竣工后的合理使用寿命周期。由于建筑物本身结构类型不同、质量要求不同、施工方法不同、使用性能不同的个性特点，目前国家对建设工程的合理使用寿命周期还缺乏统一的规定，仅在少数技术标准中提出了明确的要求。如民用建筑主体结构耐用年限分为四级：15～30年、30～50年、50～100年、100年以上。

3）安全性，是指工程建成后在使用过程中保证结构安全、保证人身和环境免受危害的程度。建设工程产品的结构安全度、抗震、耐火及防火能力等是否达到特定的要求，都是安全性的重要标志。工程交付使用之后，必须保证人身财产和工程整体都有能力免遭工程结构破坏及外来危害的伤害。工程组成部件，如楼梯栏杆等，也要保证使用者的安全。

4）可靠性，是指工程在规定的时间和规定的条件下完成规定功能的能力。工程不仅要求在交工验收时要达到规定的指标，而且在一定的使用时期内要保持应有的正常功能，如工业生产用的管道防"跑、冒、滴、漏"等，都属可靠性的范畴。

5）经济性，是指工程从规划、勘察、设计、施工到整个产品使用周期内成本和消耗的费用。工程经济性具体表现为设计成本、施工成本和使用成本三者之和，包括从征地、拆迁、勘察、设计、施工、配套设施等建设全过程的总投资和工程使用阶段的能耗、维护、保养等。通过分析比较，可判断工程是否符合经济性要求。

6）环境的协调性，是指工程与其周围生态环境协调、与所在地区经济环境协调以及与周围已建工程相协调，以适应可持续发展的要求。

施工项目质量控制是指对项目的实施情况进行监督、检查和测量，并将项目实施结果与事先制定的质量标准进行比较，判断其是否符合质量标准，找出存在的偏差，分析偏差形成原因的一系列活动。项目质量控制贯穿于项目实施的全过程。

（3）施工项目成本控制

施工项目成本控制指在成本形成过程中，根据事先制定的成本目标，对企业经常发生的各项生产经营活动按照一定的原则，采用专门的控制方法，进行指导、调节、限制和监督，将各项生产费用控制在原来所规定的标准和预算之内。如果发生偏差或发现问题，应及时进行分析研究，查明原因，并及时采取有效措施，不断降低成本，以保证实现规定的成本目标。

（4）施工项目安全控制

施工项目安全控制指经营管理者对施工生产过程中的安全生产工作进行的策划、组织、指挥、协调、控制和改进的一系列活动，其目的是保证在生产经营活动中的人身安全、资产安全，促进生产的发展，保持社会的稳定。安全管理的对象是生产中一切人、物、环境、管理状态，安全管理是一种动态管理。

2. 施工项目控制目标的程序

（1）认真研究施工合同中规定的施工项目控制总目标，收集制定控制目标的各种依据，为控制目标的落实做准备；

（2）施工项目经理与企业法人签订"项目管理目标责任书"，确定项目经理的控制目标；

（3）施工项目经理部编制施工组织设计，确定施工项目经理部的计划总目标；

（4）制定施工项目的阶段性控制目标和年度控制目标；

（5）按时间、部门、管理人员、劳务班组落实控制目标，明确责任；

（6）责任者提出控制措施。

3. 施工项目目标控制的任务

施工项目控制的任务是以项目进度控制、质量控制、成本控制和安全控制为主要内容的四大目标控制。这四项目标是施工项目的约束条件，也是施工效益的象征。其中前三项目标是指施工项目成果，而安全目标则是指施工过程中人和物的状态。也就是说，安全既指人身安全，又指财产安全。所以，安全控制既要克服人的不安全行为，又要克服物的不安全状态。

施工项目目标控制的任务见表 5-1。

施工项目目标控制的任务 表 5-1

控制目标	具体控制任务
进度控制	使施工顺序合理，衔接关系适当，连续、均衡、有节奏施工，实现计划工期，提前完成合同工期
质量控制	使分部分项工程达到质量检验评定标准的要求，实现施工组织设计中保证施工质量的技术组织措施和质量等级，保证合同质量目标等级的实现
成本控制	实现施工组织设计的降低成本措施，降低每个分项工程的直接成本，实现项目经理部盈利目标，实现公司利润目标及合同造价

续表

控制目标	具体控制任务
安全控制	实现施工组织设计的安全设计和措施，控制劳动者、劳动手段和劳动对象，控制环境，实现安全目标，使人的行为安全、物的状态安全，断绝环境危险源
施工现场控制	科学组织施工、使场容场貌、料具堆放与管理、消防保卫、环境保护及职工生活均符合规定要求

4. 施工项目目标控制的措施

（1）施工项目进度控制的措施

施工项目进度控制的措施主要有组织措施、技术措施、合同措施、经济措施和信息管理措施等。

组织措施主要是指落实各级进度控制的人员及其具体任务和工作责任，建立进度控制的组织系统；按照施工项目的结构、施工阶段或合同结构的层次进行项目分解，确定各分项进度控制的工期目标，建立进度控制的工期目标体系；建立进度控制的工作制度，如定期检查的时间、方法，召开协调会议的时间、参加人员等，并对影响施工实际进度的主要因素进行分析和预测，制定调整施工实际进度的组织措施。

技术措施主要是指应尽可能采用先进的施工技术、方法和新材料、新工艺、新技术，保证进度目标实现；落实施工方案，在发生问题时，能适时调整工作之间的逻辑关系，加快施工进度。

合同措施是指以合同形式保证工期进度的实现，即保持总进度控制目标与合同总工期相一致；分包合同的工期与总包合同的工期相一致；供货、供电、运输、构件加工等合同规定的提供服务时间与有关的进度控制目标相一致。

经济措施是指要制定切实可行的实现施工计划进度所必需的资金保证措施，包括落实实现进度目标的保证资金；签订并实施关于工期和进度的经济承包责任制；建立并实施关于工期和进度的奖惩制度。

信息管理措施是指建立完善的工程统计管理体系和统计制度，详细、准确、定时地收集有关工程实际进度情况的资料和信息，并进行整理统计，得出工程施工实际进度完成情况的各项指标，将其与施工计划进度的各项指标进行比较，定期地向建设单位提供施工进度比较报告。

（2）施工项目质量控制的措施

1）提高管理、施工及操作人员自身素质

管理、施工及操作人员素质的高低对工程质量起决定性的作用。首先，应提高所有参与工程施工人员的质量意识，让他们树立五大观念，即质量第一的观念、预控为主的观念、为用户服务的观念、用数据说话的观念以及社会效益与企业效益相结合的综合效益观念。其次，要搞好人员培训，提高员工素质。要对现场施工人员进行质量知识、施工技术、安全知识等方面的教育和培训，提高施工人员的综合素质。

2）建立完善的质量保证体系

工程项目质量保证体系是指现场施工管理组织的施工质量自控系统或管理系统，即施工单位为保证工程项目的质量管理和目标控制，以现场施工管理组织机构为基础，通过质量目标的确定和分解，管理人员和资源的配置，质量管理制度的建立和完善，形成具有质量控制和质量保证能力的工作系统。

3）加强原材料质量控制

一是提高采购人员的政治素质和质量鉴定水平，使那些有一定专业知识又忠于事业的人担任该项工作。二是采购材料要广开门路，综合比较，择优进货。三是施工现场材料人员要会同工地负责人、甲方等有关人员对现场设备及进场材料进行检查验收。特殊材料要有说明书和试验报告、生产许可证，对钢材、水泥、防水材料、混凝土外加剂等必须进行复试和见证取样试验。

4）提高施工的质量管理水平

每项工程有总体施工方案，每一分项工程施工之前也要做到方案先行，并且施工方案必须实行分级审批制度，方案审完后还要做出样板，反复对样板中存在的问题进行修改，直至达到设计要求方可执行。在工程实施过程中，根据出现的新问题、新情况，及时对施工方案进行修改。

5）确保施工工序的质量

工程项目的施工过程，是由一系列相互关联、相互制约的工序所构成，工序质量是构成工程质量的最基本的单元，上道工序存在质量缺陷或隐患，不仅使本工序质量达不到标准的要求，而且直接影响下道工序及后续工程的质量与安全，进而影响最终成品的质量。因此，在施工中要建立严格的交接班检查制度，在每一道工序进行中，必须坚持自检、互检。如监理人员在检查时发现质量问题，应分析产生问题的原因，要求承包人采取合适的措施进行修整或返工。处理完毕后，合格后方可进行下一道工序施工。

6）加强施工项目的过程控制

施工人员的控制。施工项目管理人员由项目经理统一指挥，各自按照岗位标准进行工作，公司随时对项目管理人员的工作状态进行考核，并如实记录考查结果存入工程档案之中，依据考核结果，奖优罚劣。

施工材料的控制。施工材料的选购，必须是经过考查后合格的、信誉好的材料供应商，在材料进场前必须先报验，经检测部门合格后的材料方能使用，从而保证质量，又能节约成本。

施工工艺的控制。施工工艺的控制是决定工程质量好坏的关键。为了保证工艺的先进、合理性，公司工程部针对分项分部工程编制成作业指导书，并下发各基层项目部技术人员，合理安排创造良好的施工环境，才能保证工程质量。

加强专项检查，开展自检、专检、互检活动，及时解决问题。各工序完工后由班组长组织质检员对本工序进行自检、互检。自检时，严格执行技术交底及现行规程、规范，在自检中发现问题由班组自行处理并填写自检记录，班组自检记录填写完善，自检的问题已确实修正后，方可由项目专职质检员进行验收。

（3）施工项目安全控制的措施

1）安全制度措施

项目经理部必须执行国家、行业、地区安全法规、标准，并以此制定本项目的安全管理制度，主要包括：

① 行政管理方面：安全生产责任制度；安全生产例会制度；安全生产教育制度；安全生产检查制度；伤亡事故管理制度；劳保用品发放及使用管理制度；安全生产奖惩制度；工程开竣工的安全制度；施工现场安全管理制度；安全技术措施计划管理制度；特殊作业安全管理制度；环境保护、工业卫生工作管理制度；锅炉、压力容器安全管理制度；场区交通安全管理制度；防火安全管理制度；意外伤害保险制度；安全检举和控告制度等。

② 技术管理方面：关于施工现场安全技术要求的规定；各专业工种安全技术操作规程；设备维护检修制度等。

2) 安全组织措施

① 建立施工项目安全组织系统。

② 建立与项目安全组织系统相配套的各专业、各部门、各生产岗位的安全责任系统。

③ 建立项目经理的安全生产职责及项目班子成员的安全生产职责。

④ 作业人员安全纪律。现场作业人员与施工安全生产关系最为密切，遵守安全生产纪律和操作规程是安全控制的关键。

3) 安全技术措施

施工准备阶段的安全技术措施见表 5-2 所列，施工阶段的安全技术措施见表 5-3 所列。

施工准备阶段的安全技术措施　　　　　　　　　　　　表 5-2

	内　容
技术准备	1. 了解工程设计对安全施工的要求； 2. 调查工程的自然环境（水文、地质、气候、洪水、雷击等）和施工环境（地下设施、管道及电缆的分布与走向、粉尘、噪声等）对施工安全的影响，及施工时对周围环境安全的影响； 3. 当改扩建工程施工与建设单位使用或生产发生交叉可能造成双方伤害时，双方应签订安全施工协议，搞好施工与生产的协议，以明确双方责任，共同遵守安全事项； 4. 在施工组织设计中，编制切实可行、行之有效的安全技术措施，并严格履行审批手续，送安全部门备案
物资准备	1. 及时供应质量合格的安全防护用品（安全帽、安全带、安全网等）满足施工需要； 2. 保证特殊工种（电工、焊工、爆破工、起重工等）使用的工具器械质量合格，技术性能良好； 3. 施工机具、设备（起重机、卷扬机、电锯、平面刨、电气设备）、车辆等需经安全技术性能检测，鉴定合格、防护装置齐全、制动装置可靠，方可进场使用； 4. 施工周转材料（脚手杆、扣件、跳板等）须经认真挑选，不符合安全要求的禁止使用
施工现场准备	1. 按施工总平面图要求做好现场施工准备； 2. 现场各种临时设施和库房的布置，特别是炸药库、油库的布置，易燃易爆品的存放都必须符合安全规定和消防要求，并经公安消防部门批准； 3. 电气线路、配电设备应符合安全要求，有安全用电防护措施； 4. 场内道路应通畅，设交通标志，危险地带设危险信号及禁止通行标志，以保证行人和车辆通行安全； 5. 现场周围和陡坡及沟坑处设好围栏、防护板，现场入口处设"无关人员禁止入内"的标志及警示标志； 6. 塔吊等起重设备安置应与输电线路、永久的或临设的工程间要有足够的安全距离，避免碰撞，以保证搭设脚手架、安全网的施工距离； 7. 现场设消火栓，应有足够有效的灭火器材
施工队伍准备	1. 新工人、特殊工种工人须经岗位技术培训与安全教育后，持合格证上岗； 2. 高险难作业工人须经身体检查合格后，方可施工作业； 3. 施工负责人在开工前，应向全体施工人员进行入场前的安全技术交底，并逐级签发"安全交底任务单"

施工阶段的安全技术措施 表 5-3

内　容	
一般施工	1. 单项工程、单位工程均有安全技术措施，分部分项工程有安全技术具体措施，施工前由技术负责人向有关人员进行安全技术交底； 2. 安全技术应与施工生产技术相统一，各项安全技术措施必须在相应的工序施工前做好； 3. 操作者严格遵守相应的操作规程，实行标准化作业； 4. 施工现场的危险地段应设有防护、保险、信号装置及危险警示标志； 5. 针对采用的新工艺、新技术、新设备、新结构制定专门的施工安全技术措施； 6. 有预防自然灾害（防台风、雷击、防洪排水、防暑降温、防寒、防冻、防滑等）的专门安全技术措施； 7. 在明火作业（焊接、切割、熬沥青等）现场应有防火、防爆安全技术措施； 8. 有特殊工程、特殊作业的专业安全技术措施，如土石方施工安全技术、爆破安全技术、脚手架安全技术、起重吊装安全技术、电气安全技术、高处作业及主体交叉作业安全技术、焊割安全技术、防火安全技术、交通运输安全技术、安装工程安全技术、烟囱及筒仓安全技术等
拆除工程	1. 详细调查拆除工程结构特点和强度、电线线路、管道设施等现状，制定可靠的安全技术方案； 2. 拆除建筑物之前，在建筑物周围划定危险警戒区域，设立安全围栏，禁止无关人员进入作业现场； 3. 拆除工作开始前，先切断被拆除建筑物的电线、供水、供热、供煤气的通道； 4. 拆除工作应按自上而下顺序进行，禁止数层同时拆除，必要时要对底层或下部结构进行加固； 5. 栏杆、楼梯、平台应与主体拆除程度配合进行，不能先行拆除； 6. 拆除作业工人应站在脚手架上或稳固的结构部分操作，拆除承重梁和杆之间应先拆除其承重的全部结构，并防止其他部分坍塌； 7. 拆下的材料要及时清理运走，不得在旧楼板上集中堆放，以免超负荷； 8. 被拆除的建筑物内需要保留的部分或需保留的设备要事先搭好防护棚； 9. 一般不采用推倒方法拆除建筑物，必须采用推倒方法的应采取特殊安全措施

（4）施工项目成本控制的措施

1）组织措施

施工项目上应从组织项目部人员和协作部门上入手，设置一个强有力的工程项目部和协作网络，保证工程项目的各项管理措施得以顺利实施。

2）技术措施

采取先进的技术措施，走技术与经济相结合的道路，确定科学合理的施工方案和工艺技术，以技术优势来取得经济效益是降低项目成本的关键。

3）经济措施

① 控制人工费用。控制人工费的根本途径是提高劳动生产率，改善劳动组织结构，减少窝工浪费；实行合理的奖惩制度和激励办法，提高员工的劳动积极性和工作效率；加强劳动纪律，加强技术教育和培训工作；压缩非生产用工和辅助用工，严格控制非生产人员比例。

② 控制材料费。材料费用占工程成本的比例很大，因此，降低成本的潜力最大。降低材料费用的主要措施是制定好材料采购的计划，包括品种、数量和采购时间，减少仓储量，避免出现完料不尽，垃圾堆里有"黄金"的现象，节约采购费用；改进材料的采购、运输、收发、保管等方面的工作，减少各个环节的损耗；合理堆放现场材料，避免和减少二次搬运和摊销损耗；严格材料进场验收和限额领料控制制度，减少浪费；建立结构材料消耗台账，时时监控材料的使用和消耗情况，制定并贯彻节约材料的各种相应措施，合理使用材料，建立材料回收台账，注意工地余料的回收和再利用。另外，在施工过程中，要

随时注意发现新产品、新材料的出现，及时向建设单位和设计院提出采用代用材料的合理建议，在保证工程质量的同时，最大限度地做好增收节支。

③ 控制机械费用。在控制机械使用费方面，最主要的是加强机械设备的使用和管理力度，正确选配和合理利用机械设备，提高机械使用率和机械效率。要提高机械效率必须提高机械设备的完好率和利用率。机械利用率的提高靠人，完好率的提高在于保养和维护。因此，在机械设备的使用和维护方面要尽量做到人机固定，落实机械使用、保养责任制，实行操作员、驾驶员经培训持证上岗，保证机械设备被合理规范的使用，并保证机械设备的使用安全，同时应建立机械设备档案制度，定期对机械设备进行保养维护。另外，要注意机械设备的综合利用，尽量做到一机多用，提高利用率，从而加快施工进度、增加产量、降低机械设备的综合使用费。

④ 控制间接费及其他直接费。间接费是项目管理人员和企业的其他职能部门为该工程项目所发生的全部费用。这一项费用的控制主要应通过精简管理机构，合理确定管理幅度与管理层次，业务管理部门的费用实行节约承包来落实，同时对涉及管理部门的多个项目实行清晰分账，落实谁受益谁负担，多受益多负担，少受益少负担，不受益不负担的原则。其他直接费包括临时设施费、工地二次搬运费、生产工具用具使用费、检验试验费和场地清理费等，应本着合理计划、节约为主的原则进行严格监控。

（四）施工资源与现场管理

1. 施工资源管理的任务和内容

（1）施工项目资源管理的内容

施工项目资源，也称施工项目生产要素，是指生产力作用于施工项目的有关要素，即投入施工项目的劳动力、材料、机械设备、技术和资金等要素。施工项目生产要素是施工项目管理的基本要素，施工项目管理实际上就是根据施工项目的目标、特点和施工条件，通过对生产要素的有效和有序地组织和管理项目，并实现最终目标。施工项目的计划和控制的各项工作最终都要落实到生产要素管理上。生产要素的管理对施工项目的质量、成本、进度和安全都有重要影响。

1）劳动力。当前，我国在建筑业企业中设置劳务分包企业序列，施工总承包企业和专业承包企业的作业人员按合同由劳务分包公司提供。劳动力管理主要依靠劳务分包公司，项目经理部协助管理。施工项目中的劳动力，关键在使用，使用的关键在提高效率，提高效率的关键是如何调动职工的积极性，调动积极性的最好办法是加强思想政治工作和利用行为科学，从劳动力个人的需要与行为的关系的观点出发，进行恰当的激励。

2）材料。建筑材料按在生产中的作用可分为主要材料、辅助材料和其他材料。其中主要材料指在施工中被直接加工，构成工程实体的各种材料，如钢材、水泥、木材、砂、石等。辅助材料指在施工中有助于产品的形成，但不构成实体的材料，如促凝剂、隔离剂、润滑物等。其他材料指不构成工程实体，但又是施工中必须的材料，如燃料、油料、砂纸、棉纱等。另外,还有周转材料(如脚手架材、模板材等)、工具、预制构配件、机械零配件等。建筑材料还可以按其自然属性分类,包括金属材料、硅酸盐材料、电器材料、化工材料等。施工项目材料管理的重点在现场、在使用、在节约和核算。

3) 机械设备。施工项目的机械设备,主要是指作为大型工具使用的大、中、小型机械,既是固定资产,又是劳动手段。施工项目机械设备管理的环节包括选择、使用、保养、维修、改造、更新。其关键在使用,使用的关键是提高机械效率,提高机械效率必须提高利用率和完好率。利用率的提高靠人,完好率的提高在于保养与维修。

4) 技术。施工项目技术管理,是对各项技术工作要素和技术活动过程的管理。技术工作要素包括技术人才、技术装备、技术规程、技术资料等。技术活动过程指技术计划、技术运用、技术评价等。技术作用的发挥,除决定于技术本身的水平外,极大程度上还依赖于技术管理水平。没有完善的技术管理,先进的技术是难以发挥作用的。施工项目技术管理的任务有四项:①正确贯彻国家和行政主管部门的技术政策,贯彻上级对技术工作的指示与决定;②研究、认识和利用技术规律,科学地组织各项技术工作,充分发挥技术的作用;③确立正常的生产技术秩序,进行文明施工,以技术保证工程质量;④努力提高技术工作的经济效果,使技术与经济有机地结合。

5) 资金。施工项目的资金,是一种特殊的资源,是获取其他资源的基础,是所有项目活动的基础。资金管理主要有以下环节:编制资金计划、筹集资金、投入资金(施工项目经理部收入)、资金使用(支出)、资金核算与分析。施工项目资金管理的重点是收入与支出问题,收支之差涉及核算、筹资、贷款、利息、利润、税收等问题。

(2) 施工资源管理的任务

1) 确定资源类型及数量。具体包括:①确定项目施工所需的各层次管理人员和各工种工人的数量;②确定项目施工所需的各种物资资源的品种、类型、规格和相应的数量;③确定项目施工所需的各种施工设施的定量需求;④确定项目施工所需的各种来源的资金的数量。

2) 确定资源的分配计划。包括编制人员需求分配计划、编制物资需求分配计划、编制施工设备和设施需求分配计划、编制资金需求分配计划。在各项计划中,明确各种施工资源的需求在时间上的分配,以及在相应的子项目或工程部位上的分配。

3) 编制资源进度计划。资源进度计划是资源按时间的供应计划,应视项目对施工资源的需用情况和施工资源的供应条件而确定编制哪种资源进度计划。编制资源进度计划能合理地考虑施工资源的运用,这将有利于提高施工质量,降低施工成本和加快施工进度。

4) 施工资源进度计划的执行和动态调整。施工项目施工资源管理不能仅停留于确定和编制上述计划,在施工开始前和在施工过程中应落实和执行所编的有关资源管理的计划,并视需要对其进行动态的调整。

2. 施工现场管理的任务和内容

施工现场是指从事工程施工活动经批准占用的施工场地。它既包括红线以内占用的建筑用地和施工用地，又包括红线以外现场附近经批准占用的临时施工用地。施工现场管理就是运用科学的思想、组织、方法和手段，对施工现场的人、设备、材料、工艺、资金等生产要素，进行有计划的组织、控制、协调、激励，来保证预定目标的实现。

(1) 施工现场管理的任务

建筑施工现场管理的任务，具体可以归纳为以下几点：

1) 全面完成生产计划规定的任务，含产量、产值、质量、工期、资金、成本、利润和安全等。

2) 按施工规律组织生产，优化生产要素的配置，实现高效率和高效益。

3) 搞好劳动组织和班组建设，不断提高施工现场人员的思想和技术素质。

4) 加强定额管理，降低物料和能源的消耗，减少生产储备和资金占用，不断降低生产成本。

5) 优化专业管理，建立完善管理体系，有效地控制施工现场的投入和产出。

6) 加强施工现场的标准化管理，使人流、物流高效有序。

7) 治理施工现场环境，改变"脏、乱、差"的状况，注意保护施工环境，做到施工不扰民。

(2) 施工项目现场管理的内容

施工现场管理的主要内容有：

1) 规划及报批施工用地。根据施工项目及建筑用地的特点科学规划，充分、合理使用施工现场场内占地；当场内空间不足时，应同发包人按规定向城市规划部门、公安交通部门申请，经批准后，方可使用场外施工临时用地。

2) 设计施工现场平面图。根据建筑总平面图、单位工程施工图、拟订的施工方案、现场地理位置和环境及政府部门的管理标准，充分考虑现场布置的科学性、合理性、可行性，设计施工总平面图、单位工程施工平面图；单位工程施工平面图应根据施工内容和分包单位的变化，设计出阶段性施工平面图，并在阶段性进度目标开始实施前，通过施工协调会议确认后实施。

3) 建立施工现场管理组织。一是项目经理全面负责施工过程中的现场管理，并建立项目经理部体系。二是项目经理部应由主管生产的副经理、主任工程师、生产、技术、质量、安全、保卫、消防、材料、环保、卫生等管理人员组成。三是建立施工项目现场管理规章制度、管理标准、实施措施、监督办法和奖惩制度。四是根据工程规模、技术复杂程度和施工现场的具体情况，遵循"谁生产、谁负责"的原则，建立按专业、岗位、区片划分的施工现场管理责任制，并组织实施。五是建立现场管理例会和协调制度，通过调度工作实施的动态管理，做到经常化、制度化。

4) 建立文明施工现场。一是按照国务院及地方建设行政主管部门颁布的施工现场管理法规和规章，认真管理施工现场。二是按审核批准的施工总平面图布置管理施工现场，规范场容。三是项目经理部应对施工现场场容、文明形象管理作出总体策划和部署，分包人应在项目经理部指导和协调下，按照分区划块原则做好分包人施工用地场容、文明形象管理的规划。四是经常检查施工项目现场管理的落实情况，听取社会公众、近邻单位的意见，发现问题及时处理，不留隐患，避免再度发生，并实施奖惩。五是接受住房和城乡建设行政主管部门的考评和企业对建设工程施工现场管理的定期抽查、日常检查、考评和指导。六是加强施工现场文明建设，展示和宣传企业文化，塑造企业及项目经理部的良好形象。

5）及时清场转移。施工结束后，应及时组织清场，向新工地转移。同时，组织剩余物资退场，拆除临时设施，清除建筑垃圾，按市容管理要求恢复临时占用土地。

下篇 基础知识

六、工程力学的基本知识

（一）平面力系的基本概念

1. 力的基本性质

（1）力的概念

力是物体之间相互的机械作用，其作用效果是使物体的运动状态发生改变和使物体产生变形。物体在力的作用下运动状态发生改变的效应称为运动效应或外效应，物体在力的作用下产生变形的效应称为变形效应或内效应。

力对物体作用的效应取决于力的大小、方向和作用点，称为力的三要素。力的三要素中任何一项发生变化时，力的作用效果都会发生改变。

力是一个有大小、方向和作用点的矢量，可以用带箭头的线段来表示，其中，线段长度（按一定比例尺）表示力的大小，线段的方向表示力的方向，线段的起点或终点表示力的作用点。

（2）力的单位

在国际单位制（SI）中，力的单位为 N（牛顿）或 kN（千牛顿）。

（3）刚体

所谓刚体是指在力的作用下，其内部任意两点之间的距离始终保持不变的物体，这是一个理想化的力学模型。实际上物体在力的作用时，其内部各点之间的相对距离都要发生改变，这种改变称为位移。各点位移累加的结果便导致物体的形状和尺寸改变，这种改变称为变形。当物体的变形很小时，变形对物体的运动和平衡影响很小，可以忽略不计，可将物体抽象为刚体。

（4）二力平衡公理

如图 6-1 所示，作用于刚体上的两个力使刚体处于平衡的充分和必要条件是：两个力大小相等，方向相反，并作用于同一直线上。

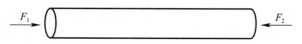

图 6-1 二力平衡

只在两个力作用下处于平衡的物体称为二力体。在工程中,只在两个力作用下处于平衡状态的杆件称为二力杆。

(5) 力的平行四边形法则

作用在同一物体上的相交的两个力,可以合成为一个合力,合力的大小和方向由以这两个力的大小为边长所构成的平行四边形的对角线来表示,作用线通过交点,这个规则叫做力的平行四边形法则,如图 6-2 所示。力的平行四边形法则是反映同一物体上力的合成与分解的基本规则。

当刚体受到三个作用力而平衡时,这三个力的作用线必在同一平面内且汇交于一点,如图 6-3 所示。

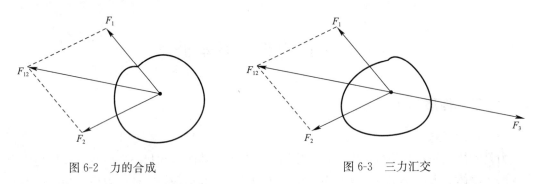

图 6-2　力的合成　　　　　　　　图 6-3　三力汇交

(6) 作用力与反作用力定律

两个物体间相互作用的一对力,总是大小相等,方向相反,沿同一直线,分别作用在这两个物体上。

(7) 约束与约束反力

位移不受任何限制,在空间中可以自由运动的物体称为自由体。在实际生活中的大多数物体,往往受到一定约束而使其某些运动不能实现,这种物体称为非自由体。限制物体自由运动的条件称为约束。物体受到约束时,物体与约束之间存在着相互作用力,约束对被约束物体的作用力称为约束反力,简称反力。工程中常见的约束类型有以下几种:

1) 柔性体约束

绳索、链条、皮带等对物体的约束属于柔性约束,由于柔性的绳索只能承受拉力,而不能承受压力,故其只能限制重物沿绳索伸长方向的运动。在实际工程中,起重机械吊重物用的钢丝绳对重物的约束均属于柔性约束。

2) 光滑面约束

当物体间的接触面为光滑面时,物体间约束为光滑面约束,此类约束只能限制物体沿接触面在接触点处公法线朝向的约束运动,约束反力为压力。互相啮合的齿轮接触面间的约束可视为光滑面约束。

3) 光滑铰链约束

① 圆柱铰链约束

在机械结构中,常常需要销钉和销孔对金属结构间进行连接,如图 6-4 所示。销钉和销孔间是光滑的,销钉只能够限制两构件在垂直于销钉轴线平面内的相对移动,但不能限制构件绕销钉转动,这种约束称为圆柱铰链。

② 固定铰链约束

通过圆柱铰链连接的两构件，当其中有一个是固定不动的时，这种约束称为固定铰链约束，如图 6-5 所示。

③ 活动铰链约束

通过圆柱铰链连接的两构件，当其中有一个同时受到光滑面约束时，这种约束称为活动铰链约束，如图 6-6 所示。

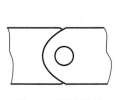 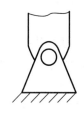 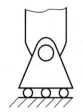

图 6-4　圆柱铰链　　　图 6-5　固定铰链　　　图 6-6　活动铰链

2. 平面汇交力系的平衡方程

（1）力系

在工程中，物体往往同时受到若干个力的作用，在这些力的共同作用下发生运动状态或物体外形的变化。作用在物体上的这一组力，即称为力系。

力系按照作用线在空间中的相对位置关系，可分为平面力系和空间力系，各力的作用线都位于同一平面的力系称为平面力系，各力的作用线位于不同平面的力系称为空间力系。

力系按照其中各力的作用线在空间中分布的不同形式，可分为汇交力系、平行力系和一般力系。各力作用线相交于同一点时力系为汇交力系，各力作用线相互平行时为平行力系，各力作用线既不相交于同一点又不相互平行时为一般力系。

（2）平面汇交力系的合成

平面汇交力系是指力系中各力都在同一平面内，且汇交于一点的力系。平面汇交力系合成的结果是一个合力，合力的矢量等于力系中各力的矢量和，即：

$$F_R = F_1 + F_2 + \cdots + F_n = \sum_{i=1}^{n} F_i$$

在直角坐标系中，合力在任意轴的投影，等于各分力在同一轴上投影的代数和。即：

$$F_{Rx} = F_{1x} + F_{2x} + \cdots + F_{nx} = \sum_{i=1}^{n} F_{ix}$$

$$F_{Ry} = F_{1y} + F_{2y} + \cdots + F_{ny} = \sum_{i=1}^{n} F_{iy}$$

（3）平面汇交力系的平衡方程

平面汇交力系平衡的必要和充分条件是：力系的合力等于零。即：$F_R = \Sigma F_i = 0$。

在直角坐标系中，平面汇交力系平衡的必要和充分条件是：力系中各分力在两坐标轴上投影的代数和为零。即

$$\Sigma F_x = 0$$
$$\Sigma F_y = 0$$

3. 力矩、力偶

（1）力矩

力使其作用的刚体绕轴或点转动的效应，可以用力对该轴或点的力矩来表示。力矩是使物体转动的力乘以力到转轴或点的距离，用 M 表示，$M = r \times F$。

（2）力偶

作用在物体上大小相等、方向相反但不共线的一对平行力称为力偶，记为 (F, F')。力偶对刚体的效应表现为使刚体的转动状态发生改变。

（3）力偶矩

力偶对物体产生转动效应，用力偶矩来度量，力偶矩等于力与力偶臂的乘积，与矩心位置无关。力偶是一种只有合力矩，而没有合力的系统，力偶不能与力等效，只能与另一个力偶等效。因此，在同一平面内的两个力偶，如果其力偶矩相等，方向相同，则两力偶等效，如图 6-7 所示。

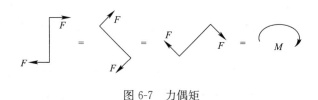

图 6-7　力偶矩

（二）杆件的内力分析

在工程中各种设备的构件因作用不同，其形状和尺寸也存在较大的差异，大致可分为杆、板、壳、块等结构。所谓杆件是指长度远大于截面尺寸的构件。杆件具备两个特征，横截面和轴线，从几何上可以将杆件视为由一系列连续横截面组成，且各横截面型心构成杆件轴线。根据杆件轴线的曲直，可分为直杆和曲杆；根据横截面是否变化，可分为等截面杆和变截面杆。

在对杆件的受力分析过程中，假设杆件的材料是连续性的、均匀性的、各向同性的，则在受力过程中发生的变形为小变形。

1. 用截面法计算单跨静定梁的内力

（1）单跨静定梁

在工程中，当杆件主要承受垂直于轴线的力时，杆件的变形以弯曲为主，习惯将这类杆件称为梁。梁按照跨度数可分为单跨梁和多跨梁。单跨静定梁是建筑结构中常见的一种形式。常用的单跨静定梁包括简支梁、悬臂梁和伸臂梁，如图 6-8 所示。

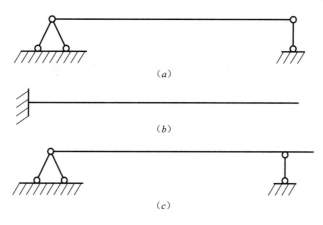

图 6-8 单跨静定梁
(a) 简支梁；(b) 悬臂梁；(c) 伸臂梁

(2) 内力的概念

物体在外力作用下发生变形后，其内部各部分之间会产生相对位置的改变并由之引起相互作用力，这里假设物体是均匀连续的，因此物体内部之间的内力实际上是一个连续分布的内力系，分布的内力系的合成力（或力偶）称为内力。内力由外力产生，随外力增大而增大，增大到一定程度时会引起材料的破坏。

(3) 截面法

为求得梁或杆件在某处的内力，可用一假想的截面沿该处将构件截开，如图 6-9 所示，在截开的任意一部分截面上，都分布着由外力引起的内力系。这些分布的内力是另一部分截面对该部分截面上的作用力。为了分析内力，沿轴线方向建立坐标轴 x，并在垂直于轴线平面内建立坐标轴 y 和坐标轴 z，内力的主矢和主矩可在坐标系中分解得到 F_N、F_{Sy}、F_{Sz}、T、M_y、M_z 六个分量，其中沿 x 轴方向的内力分量 F_N 称为轴力，作用线位于所切截面内的内力分量 F_{Sy} 和 F_{Sz} 称为剪力，矢量沿 x 轴方向的内力偶矩分量 T 称为扭矩，矢量位于所切横截面的内力偶矩分量 M_y 和 M_z 称为弯矩。这些内力分量和内力偶矩分量统称为内力分量。

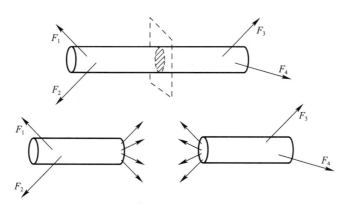

图 6-9 截面法示意图

这种用假想截面将杆件截开以显示内力，并由平衡方程建立内力与外力间关系，以确定内力的方法，称为截面法。

截面法可归结以下三个具体步骤：

1) 在欲求内力的截面处用假想截面将构件分为两部分，留下其中一半为研究对象，舍弃另一半。

2) 用作用于截面上的内力替代舍弃部分对保留部分的作用。

3) 对保留部分建立静力学平衡方程，将内力和外力代入静力学平衡方程确定内力。

【例 6-1】 如图 6-10 所示，某一简支梁长 L，距 A 点距离为 a 的截面处受到集中力 P 的作用，求截面 C-C 处受到的内力。

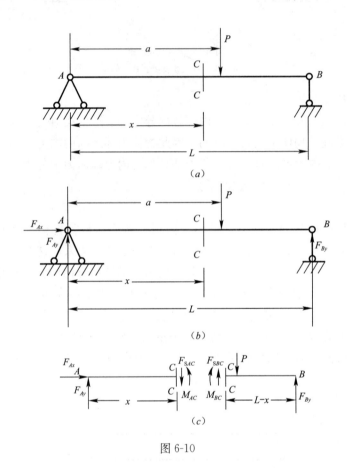

图 6-10

【解】 ① 求出各支座反力，整体受力图如图 6-10（b）所示。

$$\begin{cases} \Sigma F_x = 0 \Rightarrow F_{Ax} = 0 \\ \Sigma F_y = 0 \Rightarrow F_{Ay} + F_{By} - P = 0 \\ \Sigma M = 0 \Rightarrow F_{By}L - Pa = 0 \end{cases}$$

得到
$$F_{By} = \frac{Pa}{L}, \quad F_{Ay} = \frac{P(L-a)}{L}$$

② 将梁在截面 C-C 处剖开，并用内力替代舍弃部分，如图 6-10（c）所示。

③ 建立力学方程，对于 AC 段，有 $\begin{cases} \Sigma F_x = 0 \Rightarrow F_{Ax} = 0 \\ \Sigma F_y = 0 \Rightarrow F_{Ay} - F_{SAC} = 0 \\ \Sigma M = 0 \Rightarrow M_{AC} - F_{SAC}x = 0 \end{cases}$

得到 $F_{SAC} = \dfrac{P(L-a)}{L}$，$M_{AC} = \dfrac{P(L-a)x}{L}$

因此，截面 C-C 处受到的内力为 $F_{SAC} = \dfrac{P(L-a)}{L}$，弯矩为 $M_{AC} = \dfrac{P(L-a)x}{L}$。

若以 BC 段为研究对象建立力学方程，则有

$$\begin{cases} \Sigma F_y = 0 \Rightarrow F_{By} + F_{SBC} - P = 0 \\ \Sigma M = 0 \Rightarrow P(L-a) - M_{BC} - F_{SBC}(L-x) = 0 \end{cases}$$

得到 $F_{SBC} = \dfrac{P(L-a)}{L}$，$M_{BC} = \dfrac{P(L-a)x}{L}$

2. 多跨静定梁的基本概念

多跨静定梁是由若干根单跨静定梁铰接而成的静定结构，在工程中常用于桥梁和房屋结构中。多跨静定梁结构上由基本部分和附属部分组成，其中直接与基础连接，几何部分一直不变的部分为基本部分，要依靠基本部分来保证几何不变性的部分为附属部分。从受力分析来看，作用在基本部分的力不影响附属部分，作用在附属部分的力反过来影响基本部分。图 6-11 为房屋建筑中屋面结构木檩条。

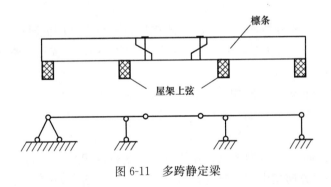

图 6-11 多跨静定梁

计算多跨静定梁内力时，应遵守以下原则：先计算附属部分后计算基本部分。将附属部分的支座反力反向指向，作用在基本部分上，把多跨梁拆成多个单跨梁，依次解决。将单跨梁的内力图连在一起，就是多跨梁的内力图。弯矩图和剪力图的画法与单跨梁相同。

3. 桁架的基本概念

桁架是由若干直杆构成，且所有杆件的两端均用铰连接时构成的几何不变体系，其杆件主要承受轴向力，通常为二力体。如图 6-12 所示，桁架的杆件按照位置不同，可分为弦杆和腹杆，弦杆是组成水平桁架上下边缘的杆件，包括上弦杆和下弦杆；腹杆是上、下弦杆之间的联系杆件，包括斜杆和竖杆。弦杆上两相邻结点之间的水平距离 d 称为结间长

度,两支座间的水平距离称为跨度,上、下弦杆上结点之间的竖向最大距离 h 为桁高。

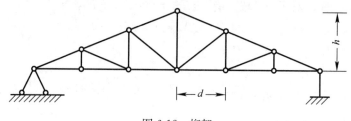

图 6-12 桁架

杆件组成平面或空间结构。在实际工程中,桁架按照空间组成形式可分为平面桁架和空间桁架。当各杆的轴线都在同一平面内,且荷载也在这个平面内时,称为平面桁架。当各杆轴线及荷载不在同一平面内时,称为空间桁架。计算桁架杆件内力的方法主要有节点法和截面法。

桁架与梁相比,其优点在于,在载荷作用下,梁主要产生弯曲应力,截面上的应力分布不均匀,不利于材料的充分利用,桁架能够将弯曲应力传递到杆件上,杆件主要承受轴向的拉力或压力,其截面上的应力基本上均匀分布,有利于材料的充分利用。

(三)杆件强度、刚度和稳定的基本概念

1. 杆件的基本变形

在工程结构中,由于外力常以不同的方式作用在杆件上,因此杆件变形也是各种各样的。但是,这些变形总不外乎是以下四种基本变形中的一种,或者是几种基本变形的组合。

(1) 轴向拉伸或轴向压缩

杆件在一对大小相等、方向相反、沿杆件轴线方向的外力作用下,长度发生变化,这种变形称为轴向拉伸或轴向压缩,如图 6-13 所示。

(2) 剪切

杆件在一对大小相等、方向相反、作用线相互平行且相距很近的横向力作用下,横向截面的两部分沿外力方向发生相对错动,这种变形称为剪切,如图 6-14 所示。

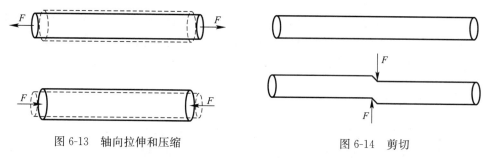

图 6-13 轴向拉伸和压缩   图 6-14 剪切

(3) 扭转

杆件在一对大小相等、转向相反、作用面垂直于杆件轴线的力偶作用下,相邻横截面绕轴线发生相对转动,这种变形称为扭转,如图 6-15 所示。

(4) 弯曲

杆件在一对大小相等、转向相反、作用在杆件纵向平面内的力偶或受到垂直于杆件轴线的横向力作用时，轴线由直线变为曲线，这种变形称为弯曲，如图 6-16 所示。

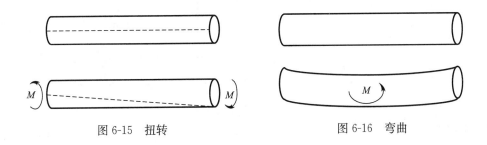

图 6-15　扭转　　　　　　　　图 6-16　弯曲

(5) 组合变形

杆件往往同时受到几组力的作用，同时发生几种变形，如机械传动轴在受载时会发生弯曲和扭转，这种同时存在两种或两种以上的变形称为组合变形。

2. 应力、应变的基本概念

(1) 应力的概念

前面文中提到了用截面法计算杆件内力，内力是构件内部相连两部分之间的相互作用力，并沿截面连续分布。为了描述内力分布情况，需引入内力分布集度即应力的概念。

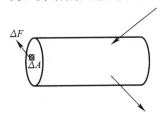

应力是一个描述内力集度的概念，可理解为单位面积上承受的内力。如图 6-17 所示，使用截面法将受力构件在任一平面 m-m 内截开，在截面上任一点取一微面积 ΔA，设 ΔA 上的内力合力为 ΔF，当 ΔA 的面积发生变化时，ΔF 的大小和方向都会随之变化。当微面积 ΔA 趋近于零时，ΔF 与 ΔA 的比值的极限值称为该点处的应力，记为 $p = \lim\limits_{\Delta A \to 0} \dfrac{\Delta F}{\Delta A} = \dfrac{\mathrm{d}F}{\mathrm{d}A}$。

图 6-17　应力示意图

(2) 应变的概念

力作用在物体上会引起物体形状和尺寸的改变，这些变化称为变形。应变是一个连续体内两点间位置变化的概念，可理解为材料承受应力时单位长度产生的变形量。如图 6-18 所示，在杆件上任一点处取微小正六面体，其边长分别为 d_x、d_y、d_z，在应力作用下，六面体各边的长度和夹角都将发生变化，以 x 边为例，在力的作用下长生了 Δu 的变形，由原来的 Δx 变为 $\Delta x + \Delta u$，此时，沿 x 方向单位长度平均变形量为 $\dfrac{\Delta u}{\Delta x}$。一般而言，线段各处沿 x 方向变形程度并不相同，当 Δx 趋近于零时，平均变形量 $\dfrac{\Delta u}{\Delta x}$ 的极限值称为沿 x 方向的线应变或正应变，记为 $\varepsilon_x = \lim\limits_{\Delta x \to 0} \dfrac{\Delta u}{\Delta x} = \dfrac{\mathrm{d}u}{\mathrm{d}x}$。

当六面体各棱边的角度发生变化时，其角度改变量为 γ，当 Δx 和 Δy 趋近于零时，角度改变量的极限值称为在 xy 平面内的切应变或角应变。

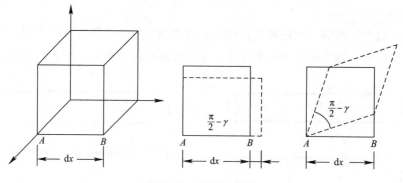

图 6-18 应变示意图

3. 杆件强度的概念

（1）杆件的拉伸强度

金属材料在外力作用下抵抗塑性变形和断裂的能力称为强度。

当杆件在工作过程中，其受到的外力合力超过材料强度时，杆件将发生破坏。图 6-19 为低碳钢试件拉伸试验的应力-应变曲线，从图中可看出，低碳钢试件拉伸试验可分为四个阶段。

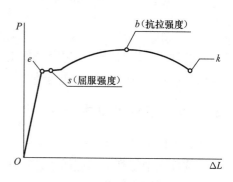

图 6-19 低碳钢的拉伸曲线图

1）弹性阶段

此阶段材料的应力和应变基本呈直线关系，材料卸载后变形可完全恢复，材料的应力应变保持直线关系的最大应力值称为材料的比例极限。当应力稍许超过比例极限时，试件仍能保持弹性状态而不发生塑形变形，这种不产生塑性变形的最大应力称为材料的弹性极限。

此阶段应力与应变的关系为 $\sigma=E\varepsilon$，其中比例系数 E 为材料的弹性模量，称为胡克定律。

2）屈服阶段

此阶段因应力超过弹性极限，使材料发生永久变形，此阶段应力基本不变，但应变显著增加，材料发生了屈服现象，材料此时发生了塑性变形。

3）强化阶段

此阶段应力可继续增加，应变也继续增大，试件开始均匀变得细长。若此阶段卸载，卸载路径基本平行于起始路径，此阶段应力最大值为材料的抗拉强度。

4）颈缩阶段

应力超过极限应力后，横截面积不再沿整个长度减小，而是在某一区域急剧缩小，出现颈缩，颈缩阶段应力值呈下降状态，直至试件断裂。

（2）强度理论

在实际工程中，构件因其材料不同，其破坏或失效也存在着两种情况：一种是脆性材料，这种材料的失效形式表现为产生裂纹或断裂，但破坏构件的尺寸基本没有变化，如铸铁在拉伸和扭转时的破坏等。另一种塑性材料，这种材料会在外力作用下发生屈服变形，导致材料失效，如起重机吊钩的变形。

材料的失效不仅与材料的本身性质有关，还与材料的应力状态、温度等其他因素有关。对于单向的拉伸或压缩，其应力状态可以很容易地进行定义，对于复杂的应力状态，失效准则很难建立。

一般来说，脆性材料常以断裂方式破坏，而塑性材料常以屈服方式破坏，但是，材料的破坏不仅取决于其属于塑性材料或脆性材料，而且与其工作条件（所处的应力状态、温度、加载速度等）有关。

4. 杆件挠度、刚度和压杆稳定性的基本概念

(1) 挠度

杆件的变形通常用横截面处形心的竖向位移和横截面的转角这两个量来度量。如图6-20 所示，杆件受力弯曲时，轴线由直线变成曲线，称为挠曲线。挠曲线是一条平滑的曲线，可写成 $y=f(x)$，称为挠度方程，挠曲线上任意截面上形心在垂直截面方向上的位移，称为该截面的挠度，用 y 表示。横截面对原来位置转过的角度，称为转角，用 θ 表示。挠度 y 向上为正，转角 θ 逆时针为正。

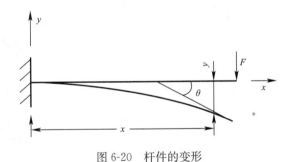

图 6-20 杆件的变形

(2) 刚度

刚度是弹性元件上的力或力矩的增量与相应的位移或角位移的增量之比，刚度表示了材料或结构抵抗变形的能力。

在实际工程中，构件除了要满足强度条件外，还要满足刚度要求，即要求变形不能过大，否则，构件由于变形过大将丧失正常的功能，发生刚性失效。为了保证构件具有足够的刚度，通常要将变形限制在一定的允许范围内。

对于工程中的梁，不允许其出现过大的弯曲变形，通常通过限制其最大挠度和最大转角来达到控制弯曲变形的目的，即使其刚度条件满足 $\begin{cases} y_{\max} \leqslant [y] \\ \theta_{\max} \leqslant [\theta] \end{cases}$，式中 $[y]$ 为梁的许用挠度，$[\theta]$ 为梁的许用转角。

对于工程中的传动轴，不允许其出现过大的扭转变形，通常是限制其单位长度相对扭转角在工程中的数值规定，即满足轴的刚度条件 $\left(\dfrac{\mathrm{d}\varphi}{\mathrm{d}x}\right)_{\max} \leqslant \left[\dfrac{\mathrm{d}\varphi}{\mathrm{d}x}\right]$，式中 $\left[\dfrac{\mathrm{d}\varphi}{\mathrm{d}x}\right]$ 为许用单位长度的扭转角。

(3) 压杆稳定性

在工程设计中遇到以下细长杆件受压时，作用力虽远未达到强度破坏的数值，也可能出现在外力扰动下失去原有的直线平衡状态而发生弯曲，以致丧失承载能力，这种现象称为失稳。对于受压的直杆，除了要考虑强度和刚度问题外，还要考虑压杆的稳定性问题。

如图 6-21 所示为中心受压的等截面直杆，当轴向压力 F 小于某一定值 F_{cr}，即 $F<F_{cr}$ 时，假设在杆上施加一横向力使其微弯，撤去横向力后压杆将自行恢复到原有的直线状态，此时压杆处于稳定平衡状态。当轴向压力 F 达到某一定值 F_{cr}，即 $F=F_{cr}$ 时，当压杆受到横向力产生微弯，撤去横向力后压杆不能自行恢复到原有的直线状态，而保持微弯状态下的平衡，此时压杆处于临界平衡状态。当轴向压力 F 继续增大，即 $F>F_{cr}$ 时，只要压杆受到轻微的横向力，压杆就会产生明显的弯曲变形甚至破坏，此时压杆丧失了原有的稳定性，处于不稳定平衡状态。压杆在临界平衡状态时所受到的压力称为临界载荷或临界力，用 F_{cr} 表示。

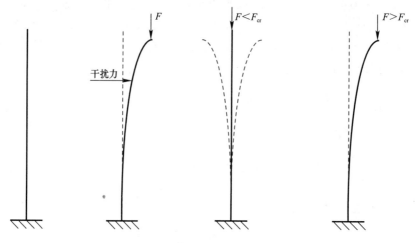

图 6-21 压杆稳定性

注：实际工程中压杆的轴线不可避免地存在弯曲，所受轴向压力的作用线也不可能与压杆轴线弯曲重合，这都会造成压杆发生微小弯曲。

在实际工程中，为了保证压杆的稳定，并预留一定的安全储备，必须使压杆承受的工作载荷满足 $F \leqslant \dfrac{F_{cr}}{n_{st}}$，式中 n_{st} 为稳定安全系数。

七、机械设备的基础知识

（一）常用机械传动

1. 齿轮传动

齿轮机构是机械中应用最广泛的传动机构，用于传递空间任意两轴或多轴之间的运动和动力。齿轮传动在建筑机械中应用很广，例如塔机、施工升降机、混凝土搅拌机、钢筋切断机、卷扬机等都采用齿轮传动。

（1）齿轮传动的特点

齿轮传动之所以得到广泛应用，是因为它具有以下优点：

1）传动效率高，一般为95%~98%，最高可达99%。

2）结构紧凑、体积小，与带传动相比，外形尺寸大大减小，它的小齿轮与轴做成一体时直径只有50mm左右。

3）工作可靠，使用寿命长。

4）传动比固定不变，传递运动准确可靠。

5）能实现平行轴间、相交轴间及空间相错轴间的多种传动。

齿轮传动的缺点：

1）制造齿轮需要专门的机床、刀具和量具，工艺要求较严，对制造的精度要求高，因此成本较高。

2）齿轮传动一般不宜承受剧烈的冲击和过载。

3）不宜用于中心距较大的场合。

（2）齿轮传动种类

齿轮传动种类很多，可以按不同的方法进行分类：

1）按两齿轮轴线的相对位置，可分为两轴平行、两轴相交和两轴交错三类，见表7-1所列。

2）按工作条件分

开式传动——开式齿轮传动的齿轮外露，容易受到尘土侵袭，润滑不良，轮齿容易磨损，多用于低速传动和要求不高的场合。

半开式传动——半开式齿轮传动装有简易防护罩，有时还浸入油池中，这样可较好地防止灰尘侵入。由于磨损仍比较严重，所以一般只用于低速传动的场合。

闭式传动——闭式齿轮传动是将齿轮安装在刚性良好的密闭壳体内，并将齿轮浸入一定深度的润滑油，以保证有良好的工作条件，适用于中速及高速传动的场合。

常用齿轮传动的分类　　表 7-1

啮合类别		图　例	说　明
两轴平行	外啮合直齿圆柱齿轮传动		1. 轮齿与齿轮轴线平行； 2. 传动时，两轴回转方向相反； 3. 制造最简单； 4. 速度较高时容易引起动载荷与噪声； 5. 对标准直齿圆柱齿轮传动，一般采用的圆周速度为 $2\sim3m/s$
	外啮合斜齿圆柱齿轮传动		1. 轮齿与齿轮轴线倾斜成某一角度； 2. 相啮合的两齿轮的齿轮倾斜方向相反，倾斜角大小相同； 3. 传动平稳，噪声小； 4. 工作中会产生轴向力，轮齿倾斜角越大，轴向力越大； 5. 适用于圆周速度较高（$v>2\sim3m/s$）的场合
	人字齿轮传动		1. 轮齿左右倾斜、方向相反，呈"人"字形，可以消除斜齿轮单向倾斜而产生的轴向力； 2. 制造成本高
	内啮合圆柱齿轮传动		1. 它是外啮轮传动的演变形式，大轮的齿分布在圆柱体内表面，称为内齿轮； 2. 大小齿轮的回转方向相同； 3. 轮齿可制成直齿，也可制成斜齿。当制成斜齿时，两轮轮齿倾斜方向相同，倾斜角大小相等
	齿轮齿条传动		1. 这种传动相当于大齿轮直径为无穷大的外啮合圆柱齿轮传动； 2. 齿轮做旋转运动，齿条做直线运动； 3. 齿轮一般是直齿，也有制成斜齿的

续表

啮合类别		图 例	说 明
两轴相交	直齿锥齿轮传动		1. 轮齿排列在圆锥体表面上,其方向与圆锥的母线一致; 2. 一般用在两轴线相交成90°,圆周速度小于2m/s的场合
	曲齿锥齿轮传动		1. 轮齿是弯曲的,同时啮合的齿数比直齿圆锥齿轮多,啮合过程不易产生冲击,传动较平稳,承载能力较高,在高速和大功率的传动中广泛应用; 2. 设计加工比较困难,需要专用机床加工,轴向推力较大
两轴交错	螺旋齿轮传动		1. 单个齿轮为斜齿圆柱齿轮。当交错轴间夹角为0°时,即成为外啮合斜齿圆柱齿轮传动; 2. 相应地改变两个斜齿轮的螺旋角,即可组成轴间夹角为任意值(0°~90°)的螺旋齿轮传动; 3. 螺旋齿轮传动承载能力较小,且磨损较严重

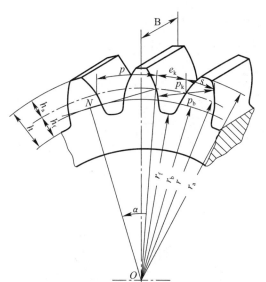

图 7-1 标准齿轮各部分名称和符号

3) 按齿形分

渐开线齿——常用;

摆线齿——计时仪器;

圆弧齿——承载能力较强。

(3) 标准齿轮各部分名称和基本尺寸

1) 各部分的名称和符号 (图 7-1)

① 齿顶圆:齿顶所在的圆,用 d_a 和 r_a 表示。

② 齿根圆:齿根所在的圆,用 d_f 和 r_f 表示。

③ 齿厚:分度圆周上量得的齿轮两侧间的弧长,用 s 表示。

④ 齿槽宽:分度圆周上量得的相邻两齿齿廓间的弧长,用 e_k 表示。

⑤ 齿距:分度圆周上量得的相邻两齿同

侧齿廓间的弧长,用 p_k 表示,$p_k=s_k+e_k$。

⑥ 分度圆:计算基准圆,用 d 和 r 表示。

⑦ 齿顶高:介于分度圆与齿顶圆之间的轮齿部分的径向高度,用 h_a 表示。

⑧ 齿根高:介于分度圆与齿根圆之间的轮齿部分的径向高度,用 h_f 表示。

⑨ 齿全高:齿顶圆与齿根圆之间的轮齿部分的径向高度,用 h 表示,$h=h_a+h_f$。

2) 基本参数

① 齿数:用 z 表示。

② 模数:用 m 表示。

∵ 分度圆周长 $=zp_k=\pi d$

∴ $d=zp_k/\pi$

设 $m=p_k/\pi$,单位为 mm,所以有:

$$d = zm$$

m 是决定齿轮尺寸的基本参数,已标准化。

③ 分度圆压力角:用 α 表示。

通常所说的齿轮压力角是指齿轮在分度圆上的压力角,用 α 表示。

压力角也是决定齿轮尺寸的基本参数,国标规定的标准值,$\alpha=20°$。有时也用 $\alpha=14.5°$、$15°$、$22.5°$、$25°$。

(4) 齿轮的结构

齿轮根据不同的工作条件和要求,可以采用不同的结构。如果齿轮分度圆直径与轴径相差很小时(相差不到两倍全齿),可以将轴和齿轮做成一体,称为齿轮轴。

当齿顶圆直径 $d_a \leq 200$mm 时,可制成实心式齿轮。

当齿顶圆直径较大但 $d_a \leq 500$mm 时,可以制成腹板式齿轮。

当齿轮直径 $d_a > 500 \sim 600$mm 时,可制成轮辐式铸造齿轮。为了节省贵重材料,轮缘可用优质钢材铸成,然后配以铸铁或普通铸钢轮芯,成为镶套式齿轮。

对于单件生产而直径很大的齿轮,也可用焊接的方法制成。圆柱齿轮的主要结构形式见表 7-2 所列。

圆柱齿轮的主要结构形式　　　　表 7-2

名称	结构型式	名称	结构型式
齿轮轴		实心式齿轮	

续表

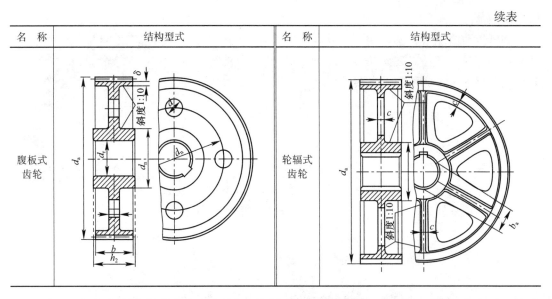

图 7-2 为直齿圆柱斜齿轮工作图例,是制造齿轮的依据,在齿轮工作图上应反映出齿轮的形状和全部尺寸、所要求的制造公差、表面粗糙度、材料及热处理等技术要求。

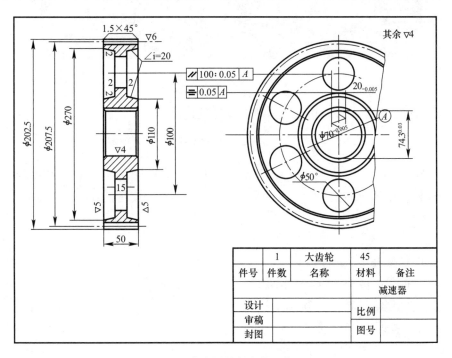

图 7-2 直齿圆柱斜齿轮工作图

2. 蜗杆传动

(1) 蜗杆传动的应用

蜗杆传动用于传递交错轴之间的回转运动。在绝大多数情况下,两轴在空间是互相垂直的,轴交角为 90°。广泛应用在机床、汽车、仪器、起重运输机械、冶金机械以及其他机械制造部门。

蜗杆传动由蜗杆、蜗轮组成（图7-3），蜗杆一般为主动件，蜗轮为从动件。建筑机械中（如：施工升降机的提升机构）蜗杆传动应用广泛（图7-4）。

（2）蜗杆的传动特点

1）传动比大。

蜗杆与蜗轮的运动相当于一对螺旋副的运动，其中蜗杆相当于螺杆，蜗轮相当于螺母。设蜗杆螺纹头数为 z_1，蜗轮齿数为 z_2。在啮合中，若蜗杆螺纹头数 $z_1=1$，则蜗杆回转一周蜗轮只转过一个齿，即转过 $1/z_2$ 转；若蜗杆头数

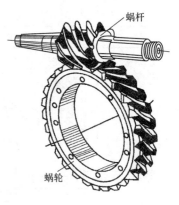

图7-3　蜗杆蜗轮图（1）

图7-4　蜗杆蜗轮图（2）

$z_2=2$，则蜗轮转过 $2/z_2$ 转，由此可得蜗杆蜗轮的传动比：

$$i = \frac{n_1}{n_2} = \frac{z_2}{z_1}$$

蜗杆的头数 z_1 很少，仅为1～4，而蜗轮齿数 z_2 却可以很多，所以能获得较大的传动比。单级蜗杆传动的传动比一般为8～60，分度机构的传动比可达500以上。

2）工作平稳、噪声小。

3）具有自锁作用。

当蜗杆的螺旋升角 λ 小于6°时（一般为单头蜗杆），无论在蜗轮上加多大的力都不能使蜗杆转动，而只能由蜗杆带动蜗轮转动。这一性质对起重设备很有意义，可利用蜗轮蜗杆的自锁作用使重物吊起后不会自动落下。

4）传动效率低。

一般阿基米德单头蜗杆传动效率为0.7～0.8。当传动比很大、蜗杆螺旋升角很小时，效率甚至在0.5以下；平面包络环面蜗杆传动效率为0.89～0.94（施工升降机的提升机构专用）。

5）价格昂贵。

蜗杆蜗轮啮合齿面间存在相当大的相对滑动速度，为了减小蜗杆蜗轮之间的摩擦、防止发生胶合，蜗轮一般需采用贵重的有色金属（如青铜等）来制造，加工也比较复杂，这就提高了制造成本。由于以上特点，蜗杆传动一般只用于功率较小的场合。

按照蜗杆类型蜗杆形状不同,蜗杆传动可分为圆柱蜗杆形状、环面蜗杆形状和锥蜗杆形状。通常工程中所用的蜗杆是阿基米德蜗杆和平面包络环面蜗杆,其外形像具有梯形螺纹的螺杆,其轴向截面类似于直线齿廓(阿基米德蜗杆)和环面齿廓(平面包络环面蜗杆)的齿条。蜗杆有左旋、右旋之分,一般为右旋。

3. 带传动

带传动(图7-5)是两个或多个带轮之间用带作为挠性拉曳零件的传动装置,工作时借助零件之间的摩擦(或啮合)来传递运动或动力。带传动通常是由传动带、带轮、张紧装置三部分组成。

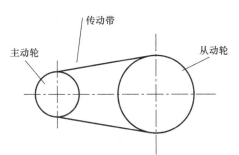
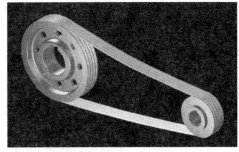

图7-5 带传动

(1)带传动的工作原理

以张紧在至少两轮上带作为中间挠性件,靠带与轮接触面间产生摩擦力来传递运动与动力。

(2)带传动的特点和应用

适用于中心距较大的情况。传动带具有良好的弹性,能缓冲吸振,传动较平稳,噪声小,过载时带在带轮上打滑,可以防止其他器件损坏,结构简单,制造和维护方便,成本低。

(3)带传动的类型

带传动有摩擦型带传动和啮合型带传动两类。带的截面形状有V带、平带、多楔带、圆带等几种(图7-6)。

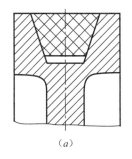
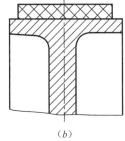
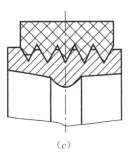
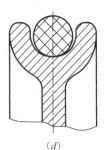

图7-6 带传动类型

(a) V带;(b) 平带;(c) 多楔带;(d) 圆带

1) 摩擦型带传动

摩擦型带传动依靠带和带轮之间的摩擦力传递运动和动力。

① 平带传动

平带截面形状是扁平矩形。带的内表面为摩擦工作面。平带传动一般用于两轴平行的场合，常用的有开口传动、交叉传动及半交叉传动等形式。开口传动时两轮的转向相同，半交叉传动时两轮的转向相反。特点是结构简单、效率较高，适合于传动中心距较大的情况，速度比 $i \leqslant 3 \sim 5$。

② V 带传动

V 带截面形状是扁梯形。带的两侧表面为摩擦工作面。V 形带传动较之平带传动的优点是传动带与带轮之间的摩擦力较大，不易打滑；在电动机额定功率允许的情况下，要增加传递功率只要增加传动带的根数即可，应用十分广泛。特点是运行较平稳，速度比 $i \leqslant 7$。

V 形带按截面大小分为七种型号，它的规格尺寸、性能、测量方法及使用要求等均已标准化，其截面尺寸、长度和单位长度质量见表 7-3 所列。

普通 V 带截面尺寸、长度和单位长度质量（摘自 GB/T 11544—1997） 表 7-3

截面	Y	Z	A	B	C	D	E
顶宽 b （mm）	6.0	10.0	13.0	17.0	22.0	32.0	38.0
节宽 b_p （mm）	5.3	8.5	11.0	14.0	19.0	27.0	32.0
高度 h （mm）	4.0	6.0	8.0	11.0	14.0	19.0	23.0
楔角 α （°）	\multicolumn{7}{c}{$40°$}
基准长度 L_d （mm）	200~500	400~1600	630~2800	900~5600	1800~10000	2800~14000	4500~16000
单位长度质量（kg/m）	0.04	0.06	0.10	0.17	0.30	0.60	0.87

2) 啮合型带传动

① 多楔带传动

多楔带传动（图 7-7）是平带基体上有若干纵向楔形凸起，它兼有平带和 V 带的优点且弥补其不足，多用于结构紧凑的大功率传动中。

② 同步带传动

同步带传动是一种啮合传动，依靠带内周的等距横向齿与带轮相应齿槽间的啮合来传递运动和动力（图 7-8）。同步带传动工作时带与带轮之间无相对滑动，能保证准确的传动比。传动效率可达 0.98；传动比较大，可达 $i=12 \sim 20$；允许带速可高至 50m/s。但同步带传动的制造要求较高，安装时对中心距有严格要求，价格较贵。同步带传动主要用于要求传动比准确的中、小功率传动中。

(4) 带传动的优缺点

1) 适合于中心距较大的传动；

2) 能缓和载荷冲击，运行平稳，无噪声；

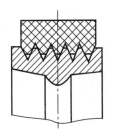
图 7-7 多楔带传动图

图 7-8 同步带传动图

3) 过载时将引起带在带轮上打滑，因而可防止其他零件的损坏（具有过载保护作用）；

4) 结构简单，成本低廉；

5) 传动外廓尺寸较大；

6) 需要张紧装置；

7) 传动效率较低；

8) 不能保持准确的传动比；

9) 带的寿命较短。

(5) 带传动的应用范围

带传动的应用范围很广，其中 V 带传动应用最广。一般带的工作速度为 $v=5\sim25\text{m/s}$，传动比为 $i=7$，传动效率为 $\eta=0.90\sim0.95$。

（二）螺 纹 连 接

1. 螺纹的特点

螺纹连接是利用螺纹零件构成的一种可拆卸连接，具有以下特点：

(1) 螺纹拧紧时能产生很大的轴向力；

(2) 它能方便地实现自锁；

(3) 外形尺寸小；

(4) 制造简单，能保持较高的精度。

2. 螺纹的分类

(1) 三角形螺纹

1) 普通螺纹

牙形为等边三角形，牙形角 $\alpha=60°$，内外螺纹旋合留有径向间隙。外螺纹牙根允许有较大的圆角，以减小应力集中。同一公称直径按螺距大小，分为粗牙和细牙。细牙螺纹的牙形与粗牙相似，但螺距小，升角小，自锁性较好，强度高，因牙细不耐磨，容易滑扣。

2) 非螺纹密封的管螺纹

牙形为等腰三角形，牙形角 $\alpha=55°$，牙顶有较大的圆角，内外螺纹旋合后无径向间隙，管螺纹为英制细牙螺纹，尺寸代号为管子的内螺纹大径。适用于管接头、旋塞、阀门及其他附件。若要求连接后具有密封性,可压紧被连接件螺纹副外的密封面,也可在密封面间添加密封物。

3) 用螺纹密封的管螺纹

牙形为等腰三角形,牙形角 $\alpha=55°$,牙顶有较大的圆角,螺纹分布在锥度为 1:16 的圆锥管壁上。它包括圆锥内螺纹与圆锥外螺纹和圆柱内螺纹与圆锥外螺纹两种连接形式。螺纹旋合后,利用本身的变形就可以保证连接的紧密性,不需要任何填料,密封简单。适用于管子、管接头、旋塞、阀门和其他螺纹连接的附件。

4) 米制锥螺纹

牙形角 $\alpha=60°$,螺纹牙顶为平顶,螺纹分布在锥度为 1:16 的圆锥管壁上。用于气体或液体管路系统依靠螺纹密封的连接螺纹。

(2) 矩形螺纹

牙形角为正方形,牙形角 $\alpha=0°$。其传动效率较其他螺纹高,但牙根强度弱,螺旋副磨损后,间隙难以修复和补偿,传动精度较低。为了便于铣、磨削加工,可制成 $\alpha=10°$ 的牙形角。

(3) 梯形螺纹

牙形为等腰梯形,牙形角 $\alpha=30°$。内外螺纹以锥面贴紧不易松动。与矩形螺纹相比,传动效率低,但工艺性好,牙根强度高,对中性好。如用剖分螺母,还可以调整间隙。梯形螺纹是最常用的传动螺纹。

(4) 锯齿形螺纹

牙形为不等腰梯形,工作面的牙侧角为 3°,非工作面的牙侧角为 30°。外螺纹牙根有较大的圆角,以减小应力集中。内外螺纹旋合后,大径处无间隙,便于对中。这种螺纹兼有矩形螺纹传动效率高、梯形螺纹牙根强度高的特点,但只能用于单向力的螺纹连接或螺旋传动中,如螺旋压力机。

3. 螺纹的主要参数

螺纹的主要参数如图 7-9 所示。

(1) 外径 d——与外螺纹牙顶相重合的假想圆柱面直径亦称公称直径。

(2) 内径(小径)d_1——与外螺纹牙底相重合的假想圆柱面直径,在强度计算中作危险剖面的计算直径。

(3) 中径 d_2——在轴向剖面内牙厚与牙间宽相等处的假想圆柱面的直径,近似等于螺纹的平均直径 $d_2 \approx 0.5(d+d_1)$。

(4) 螺距 P——相邻两牙在中径圆柱面的母线上对应两点间的轴向距离。

(5) 导程 S——同一螺旋线上相邻两牙在中径圆柱面的母线上的对应两点间的轴向距离。

(6) 线数 n——螺纹螺旋线数目,一般为便于制造 $n \leqslant 4$。

导程、线数、螺距之间关系:$S=nP$。

(7) 螺旋升角 ψ——在中径圆柱面上螺旋线的切线与垂直于螺旋线轴线的平面的夹角。

$$\psi = \mathrm{arcot} S/\pi d_2 = \mathrm{arcot}\frac{nP}{\pi d_2}$$

(8) 牙形角 α——螺纹轴向平面内螺纹牙形两侧边的夹角。

(9) 牙形斜角 β——螺纹牙形的侧边与螺纹轴线的垂直平面的夹角。对称牙形 $\beta=\frac{\alpha}{2}$。

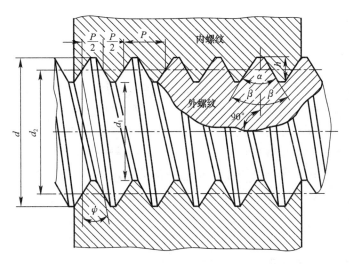

图 7-9　螺纹的主要参数

4. 螺纹连接的类型

螺纹连接由螺纹紧固件和连接件上的内外螺纹组成。

(1) 普通螺栓连接

被连接件不太厚,螺杆带钉头,通孔不带螺纹,螺杆穿过通孔与螺母配合使用。装配后孔与杆间有间隙,并在工作中不许消失,结构简单,装拆方便,可多个装拆,应用较广。

(2) 铰制孔螺栓连接

装配后无间隙,主要承受横向载荷,也可作定位用,采用基孔制配合铰制孔螺栓连接。

(3) 双头螺柱连接

螺杆两端无钉头,但均有螺纹,装配时一端旋入被连接件,另一端配以螺母。适用于常拆卸而被连接件之一较厚时。拆装时只需拆螺母,而不将双头螺栓从被连接件中拧出。

(4) 螺钉连接

适用于被连接件之一较厚(上带螺纹孔),不需经常装拆,一端有螺钉头,不需螺母,还适用于受载较小的情况。

5. 高强度螺栓

高强度螺栓目前应用非常广泛,在一些大型建筑、桥梁以及塔机上经常被使用。按照施工工艺区分可以分为大六角高强度螺栓和扭剪型高强度螺栓。按照受力强度可以分为摩擦型和承压型。大六角高强度螺栓的连接副是由一个螺栓、一个螺母、两个垫圈组成为一套,安装时螺栓和螺母每侧配备一个垫圈。扭剪型高强度螺栓的连接副是由一个螺栓、一个螺母、一个垫圈组成为一套。螺栓、螺母、垫圈材料要符合相应高强度螺栓连接副材料国家标准规定,而且同为一个热处理工艺加工过的产品,应按批配套进场,同批内配套使用。

(1) 高强度螺栓工作原理

高强度螺栓与普通螺栓一样,传递剪力和拉力,但传递剪力的方式有所不同。高强度螺栓主要是使用抗拉强度高的材料、大尺寸结构制造的螺栓、螺母和垫圈为连接副,靠被连接构件接触面之间的预紧力而产生的摩擦力来传递剪力。高强度螺栓连接利用连接副间的摩擦力即可有效地传递剪力,它变形小、不松动、耐疲劳,一般有两种类型:1)只靠摩擦力传力,称为摩擦型高强度螺栓;2)除摩擦力外还依靠杆身的承压和抗剪传力,称为承压型高强度螺栓。摩擦型高强度螺栓能保证结构在整个使用期间外剪力不超过内摩擦力,故而剪切变形小,被连接的构件能弹性地整体工作,抗疲劳能力强,适用于承受动力荷载的结构及需保证连接变形小的结构。承压型高强度螺栓在正常使用荷载作用下,一般也不会超过摩擦力,工作性能和摩擦型相同,但一旦发生偶然超载,就会超过摩擦力,连接之间便发生滑移,这时即靠摩擦力(为主)和杆身的承压抗剪(为辅)共同传力,一般适用于承受静力荷载或间接承受动力荷载的结构。

摩擦型和承压型的区别在于:摩擦型的设计准则是以摩擦力不超过极限状态,而承压型的设计准则是允许摩擦力超过极限状态,直至杆身被剪坏或所连接的连接副被压坏才算达到极限状态。至于施拧要求和使用荷载作用下的工作两者是相同的。

高强度螺栓使用的钢材性能等级按其热处理后强度划分为10.9S和8.8S(S表示高强度螺栓的级别)。

(2) 高强度螺栓的紧固方法

1) 大六角头螺栓的预拉力控制方法

大六角头高强度螺栓施工终拧扭矩按下式计算确定:

$$T_c = kP_c d$$

式中 T_c——施工扭矩(N·m);

  k——高强度螺栓连接副扭矩系数的平均值,扭矩系数由高强度螺栓制造商提供或经过试验的方法获得;

  P_c——高强度螺栓施工预紧力(kN),见表7-4所列;

  d——高强度螺栓螺杆直径(mm)。

大六角头高强度螺栓施工预紧力 (kN)   表 7-4

螺栓性能等级	螺栓公称直径						
	M12	M16	M20	M22	M24	M27	M30
8.8S	50	90	140	165	195	255	310
10.9S	60	110	170	210	250	320	390

在安装大六角头高强度螺栓时，应先按拧紧力矩的 50% 进行初拧，然后按 100% 拧紧力矩进行终拧。对于大型节点在初拧之后，还应按初拧力矩进行复拧，然后再行终拧。

2) 扭剪型高强度螺栓的预拉力控制方法

扭剪型高强度螺栓连接副的安装需用特制的电动扳手，该扳手有两个套头，一个套在螺母六角体上；另一个套在螺栓的十二角体上。拧紧时，对螺母施加顺时针力矩，对螺栓十二角体施加大小相等的逆时针力矩，使螺栓断颈部分承受扭剪，其初拧力矩＝$0.065 \times P_c \times d$ 计算或按表 7-5 确定。终拧至拧断梅花头，即达到规定预拉力值。安装结束，相应的安装力矩即为拧紧力矩。安装后一般不拆卸。

扭剪型高强度螺栓初拧扭矩（N·m）　　　　　表 7-5

螺栓公称直径	M16	M20	M22	M24	M27	M30
初拧扭矩	115	220	300	390	560	760

（三）液压传动

1. 液压传动系统的组成及各元件的作用

（1）液压传动系统的组成

1) 动力元件——液压泵，它供给液压系统压力，并将电动机输出的机械能转换为油液的压力能，从而推动整个液压系统工作。

2) 执行元件——液压缸或液压马达，把油液的液压能转换成机械能，以驱动工作部件运动。

3) 控制元件——包括各种阀类，如压力阀、流量阀和方向阀等，用来控制液压系统的液体压力、流量（流速）和液流的方向，以保证执行元件完成预期的工作运动。

4) 辅助元件——指各种管接头、油管、油箱、过滤器、蓄能器和压力计等，它们起着连接、输油、储油、过滤、储存压力能和测量油压等辅助作用，以保证液压系统可靠、稳定、持久地工作。

5) 工作介质——指在液压系统中，承受压力并传递压力的油液。

（2）动力元件和执行元件

1) 液压泵

液压泵是液压系统的动力元件，将驱动电动机的机械能转换成液体的压力能，供液压系统使用，它是液压系统的能源。液压泵一般有齿轮泵、叶片泵和柱塞泵等几个种类。

① 齿轮泵

齿轮泵在结构上可分为外啮合齿轮泵和内啮合齿轮泵两种。

外啮合齿轮泵的构造如图 7-10、图 7-11 所示，泵体内有一对外啮合齿轮，齿轮两侧靠端盖封闭。体、端盖和齿轮的各个齿间槽组成了若干个密封工作容积。

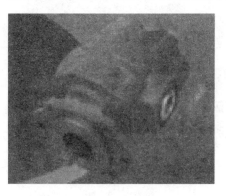

图 7-10 齿轮泵

图 7-11 齿轮泵内腔

工作原理如图 7-12 所示,当齿轮按一定的方向旋转时,一侧吸油腔由于相互啮合的齿轮逐渐脱开,密封工作容积逐渐增大,形成部分真空,因此油箱中的油液在外界大气压的作用下,经吸油管进入吸油腔,将齿间槽充满,并随着齿轮旋转,把油液带到另一侧的压油腔内。在压油区的一侧,由于齿轮在这里逐渐进入啮合,密封工作腔容积不断减小,油液便被挤出去,从压油腔输送到压油管路中去而形成高压油。

这里的啮合点处的齿面接触线一直起着隔离高、低压腔的作用。

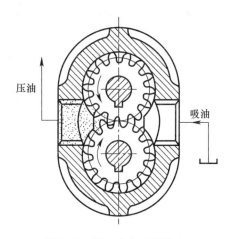

图 7-12 外啮合齿轮泵构造

外啮合齿轮泵的优点是:结构简单,尺寸小,重量轻,制造方便,价格低廉,工作可靠,自吸能力强(容许的吸油真空度大),对油液污染不敏感,维护容易。它的缺点是一些机件承受不平衡径向力,磨损严重,泄露大,工作压力的提高受到限制。此外,它的流量脉动大,因而压力脉动和噪声都较大。

② 叶片泵

叶片泵典型结构如图 7-13 所示。叶片泵优点是运转平稳、压力脉动小、噪声小、结构紧凑、尺寸小流量大。缺点是对油液要求高,如油液中有杂质,则叶片容易卡死,和齿轮泵相比结构较复杂。

单作用叶片泵工作原理如图 7-14 所示。

泵由定子 1、转子 2、叶片 3 和配油盘等零件组成。定子的内表面是圆柱面,转子和定子中心之间存在着偏心,叶片在转子的槽内可灵活滑动,在转子转动时的离心力以及叶片根部油压力作用下,叶片顶部贴紧在定子内表面上,于是,两相邻叶片、配油盘、定子和转子便形成了一个密封的工作腔。当转子按图 7-14 所示方向旋转时,图 7-14 右侧的叶片向外伸出,密封工作腔容积逐渐增大,产生真空,油液通过吸油口、配油盘上的吸油窗口进入密封工作腔;而在图 7-14 的左侧,叶片往里缩进,密封腔的容积逐渐缩小,密封腔中的油液排往配油盘排油窗口,经排油口被输送到系统中去。这种泵在转子转一转的过程中,吸油、压油各一次,故称单作用叶片泵。叶片泵转子每转一周只完成一次吸油和进

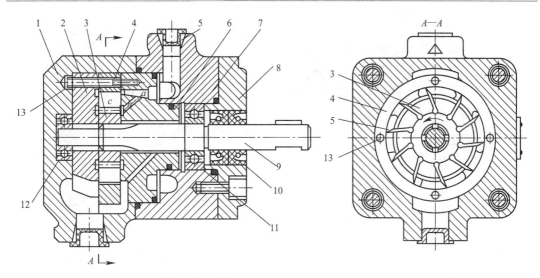

图 7-13 叶片泵的结构

1—左泵体；2—左配油盘；3—转子；4—定子；5—叶片；6—右配油盘；7—右泵体；
8—端盖；9—传动轴；10—防尘密封圈；11、12—轴承；13—螺钉

（压）油过程的称为单作用式，转子每转一周有两次吸油和进（压）油过程的称为双作用式。从力学上讲，转子上受有单方向的液压不平衡作用力，故又称非平衡式泵，其轴承负载大。若改变定子和转子间的偏心距的大小，便可改变泵的排量，形成变量叶片泵。

③ 柱塞泵

柱塞泵是靠柱塞在液压缸中往复运动造成容积变化来完成吸油与压油的。柱塞泵可分为轴向柱塞泵和径向柱塞泵两大类。

轴向柱塞泵是柱塞中心线互相平行于缸体轴线的一种泵。有斜盘式（图 7-15）和斜轴式（图 7-16）两类。斜盘式的缸体与传动轴在同一轴线，斜盘与传动轴成一倾斜角，它可以使缸体转动，也可以使斜盘转动，斜轴式的则为缸体相对传动轴线成一倾斜角。径向柱塞泵（图 7-17）的柱塞在缸体内成径向分布。径向柱塞泵的性能稳定，耐冲击性好，工作可靠，寿命长，但结构复杂，外形尺寸和重量较大。

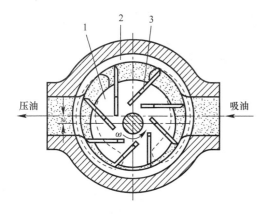

图 7-14 叶片泵的工作原理
1—定子；2—转子；3—叶片

图 7-15 斜盘式轴向柱塞泵

图 7-16　斜轴式轴向柱塞泵

图 7-17　径向柱塞泵

轴向柱塞泵具有结构紧凑，径向尺寸小，惯性小，容积效率高，压力高等优点，然而轴向尺寸大，结构也比较复杂。轴向柱塞泵在高工作压力的设备中应用很广。

柱塞泵工作原理如图 7-18 所示，泵由转动轴 1、斜盘 2、柱塞 3、缸体 4、配油盘 5 等主要零件组成，斜盘 2 和配油盘 5 是不动的，转动轴 1 带动缸体 4、柱塞 3 一起转动，柱塞 3 靠机械装置或在低压油作用下压紧在斜盘上。当转动轴按图示方向旋转时，柱塞 3 在其沿斜盘自下而上回转的半周内逐渐向缸体外伸出，使缸体孔内密封工作腔容积不断增加，产生局部真空，从而将油液经配油盘 5 上的配油窗口吸入；柱塞在其自上而下回转的半周内又逐渐向里推入，使密封工作腔容积不断减小，将油液从配油盘窗口向外排出，缸体每转一转，每个柱塞往复运动一次，完成一次吸油动作。改变斜盘的倾角 γ，就可以改变密封工作腔容积的有效变化量，实现泵的变量。

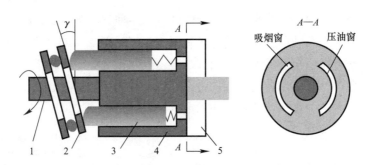

图 7-18　柱塞泵工作原理图
1—转动轴；2—斜盘；3—柱塞；4—缸体；5—配油盘

2）液压缸和液压马达

① 液压缸

液压缸是液压系统的执行元件，液压缸的作用是将压力能转化为机械能，液压缸一般用于实现直线往复运动或摆动。

液压缸的种类按结构形式可分为活塞缸（图 7-19）、柱塞缸和摆动缸三类。活塞缸和柱塞缸实现往复直线运动，输出推力或拉力和直线运动速度；摆动缸则能实现小于 360°的往复摆动，输出角速度（转速）和转矩。

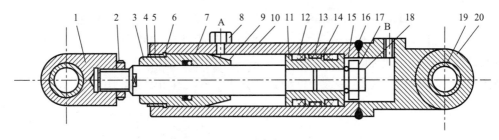

图 7-19 双作用单活塞杆液压缸

1—耳环；2—螺母；3—防尘圈；4、17—弹簧挡圈；5—套；6、15—卡键；7、14—O 形密封圈；8、12—Y 形密封圈；9—缸盖兼导向套；10—缸筒；11—活塞；13—耐磨环；16—卡键帽；18—活塞杆；19—衬套；20—缸底

② 液压马达

液压马达也是液压系统的执行元件，是将压力能转换成机械能的转换装置。与液压缸不同的是液压马达是以转动的形式输出机械能。

液压马达和液压泵从原理上讲，它们是可逆的。当电动机带动其转动时由其输出压力能（压力和流量），即为液压泵；反之，当压力油输入其中，由其输出机械能（转矩和转速），即是液压马达。液压马达有齿轮式、叶片式和柱塞式之分。

(3) 控制元件

液压控制阀（简称液压阀）是液压系统中的控制元件，用来控制液压系统中流体的压力、流量及流动方向，以满足液压缸、液压马达等执行元件不同的动作要求，它是直接影响液压系统工作过程和工作特性的重要元器件。

1) 方向控制阀

① 单向阀

单向阀只允许油液沿某一方向流动，而反向截止。液压系统中常见的单向阀有普通单向阀和液控单向阀两种。

普通单向阀。普通单向阀的作用，是使油液只能沿一个方向流动，不许它反向倒流。图 7-20 (a) 所示是一种管式普通单向阀的结构。压力油从阀体左端的通口 P_1 流入时，克服弹簧 3 作用在阀芯 2 上的力，使阀芯向右移动，打开阀口，并通过阀芯 2 上的径向孔 a、轴向孔 b 从阀体右端的通口流出。但是压力油从阀体右端的通口 P_2 流入时，它和弹簧力一起使阀芯锥面压紧在阀座上，使阀口关闭，油液无法通过。图 7-20 (b) 所示是单向阀的职能符号图。

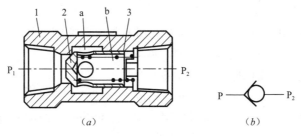

图 7-20 单向阀

1—阀体；2—阀芯；3—弹簧；
a—径向孔；b—轴向孔

液控单向阀。图 7-21（a）所示是液控单向阀的结构。当控制口 K 处无压力油通入时，它的工作机制和普通单向阀一样；压力油只能从通口 P_1 流向通口 P_2，不能反向倒流。当控制口 K 有控制压力油时，因控制活塞 1 右侧 a 腔通泄油口，活塞 1 右移，推动顶杆 2 顶开阀芯 3，使通口 P_1 和 P_2 接通，油液就可在两个方向自由通流。图 7-21（b）所示是液控单向阀的职能符号。

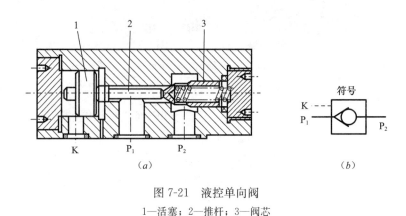

图 7-21　液控单向阀
1—活塞；2—推杆；3—阀芯

② 换向阀

换向阀是利用阀芯相对于阀体的相对运动，使油路接通、断开或变换液压油的流动方向，从而使液压执行元件启动、停止或改变运动方向。

换向阀与系统供油路连接的进油口用 P 表示，阀与系统回油路连接的回油孔用 T 表示，而阀与执行元件连接的工作口用 A、B 表示。常用的二位和三位换向阀的位和通路符号如图 7-22 所示。

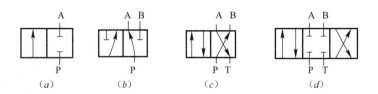

图 7-22　阀的位和通路符号
（a）二位二通；（b）二位三通；（c）二位四通；（d）三位四通

手动换向阀。手动换向阀是利用手动杠杆等机构来改变阀芯和阀体的相对位置，从而实现换向的阀类。阀芯定位靠钢球、弹簧，使其保持确定的位置。如图 7-23 所示为弹簧自动复位式三位四通手动换向阀的结构及图形符号。

电磁换向阀。电磁换向阀是利用电磁铁通电吸合后产生的吸力推动阀芯动作来改变阀的工作位置。电磁换向阀的电磁铁按所使用电源不同可分为交流型和直流型；按衔铁工作腔是否有油液又可分为"干式"和"湿式"电磁铁。电磁换向阀操纵方便，布置灵活，易于实现动作转换的自动化。如图 7-24 所示为直流湿式三位四通电磁换向阀的结构及图形符号。

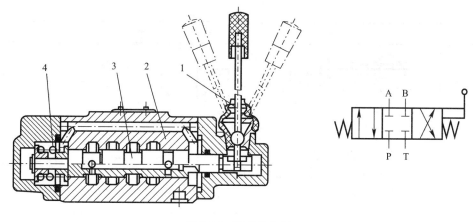

图 7-23 手动换向阀
1—手柄；2—阀体；3—阀芯；4—弹簧

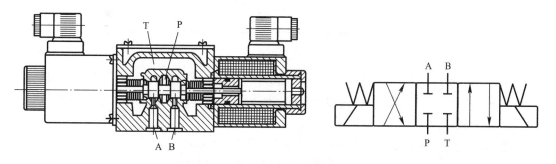

图 7-24 直流湿式三位四通电磁换向阀

换向阀的滑阀机能。对于各种操纵方式的三位四通换向阀滑阀，阀芯在中间位置时，为适应各种不同的工作要求，各油口间的通路有各种不同的连接形式。这种常态位置时的内部通路形式，称为滑阀中位机能，见表 7-6 所列。

滑阀中位机能　　　　　　　　　　　　　　　　表 7-6

滑阀机能	中位时的滑阀状态	中位符号	性能特点
O	$T(T_1)$　A　P　B　$T(T_2)$	A B / P T	各油口全部关闭，系统保持压力，执行元件各油口封闭
H	$T(T_1)$　A　P　B　$T(T_2)$	A B / P T	各油口 P、T、A、B 全部连通，泵卸荷
Y	$T(T_1)$　A　P　B　$T(T_2)$	A B / P T	缸不卸荷，执行元件两腔与回油连通

滑阀机能	中位时的滑阀状态	中位符号	性能特点
J	T(T₁)　A　P　B　T(T₂)	A B / P T	P 口保持压力，缸 A 口封闭，B 口与回油口 T 连通
C	T(T₁)　A　P　B　T(T₂)	A B / P T	P 口保持压力，缸 A 口封闭，B 口与回油口 T 连通
P	T(T₁)　A　P　B　T(T₂)	A B / P T	P 口与 A、B 口都连通，回油口 T 封闭

2) 压力控制阀

在液压系统中，控制液压系统中的压力或利用系统中压力的变化来控制某些液压元件动作的阀，统称压力控制阀。按其功能和用途不同分为溢流阀、减压阀、顺序阀等。

① 溢流阀

溢流阀是用来控制和调整液压系统的压力，保证系统在一定压力或安全压力下工作。它依靠弹簧力和油的压力的平衡来实现液压泵供油压力的调节。分为直动式溢流阀、先导式溢流阀。

如图 7-25 所示为直动式溢流阀，P 是进油口，T 是回油口，进口压力油进油经阀芯中间的阻尼孔作用在阀芯底部端面上，当进口 P 从系统接入的油液压力不高时，锥阀芯被弹簧压在阀座上，阀口关闭；当进口油压升高到能克服弹簧阻力时，推开锥阀，使阀口打开，油液由进油口 P 流入，再从回油口 T 流回油箱（溢流），进油压力就不会继续升高。阀芯上阻尼孔的作用是用来增加液阻，以减少阀芯的振动，提高阀的工作平稳性。调节螺母改变弹簧压紧力，也就调节了溢流阀进油口处的油压。由阀芯间隙处泄漏到弹簧腔的油液，经阀体上的回油孔 T 排入油箱。

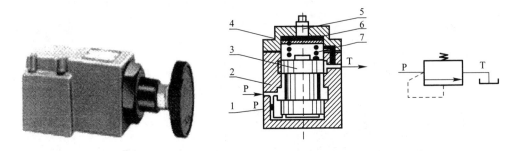

图 7-25　直动式溢流阀
1—油道；2—阀体；3—阀芯；4—弹簧座；5—压力调整杆；6—端盖；7—调压弹簧

溢流阀的定压溢流作用：在定量泵节流调节系统中，定量泵提供的是恒定流量。当系统压力增大时，会使流量需求减小。此时溢流阀开启，使多余流量溢回油箱，保证溢流阀进口压力，即泵出口压力恒定（阀口常随压力波动开启）。

溢流阀的安全保护作用：系统正常工作时，阀门关闭。只有负载超过规定的极限（系统压力超过调定压力）时开启溢流，进行过载保护，使系统压力不再增加（通常使溢流阀的调定压力比系统最高工作压力高10%～20%）。此外，溢流阀还可做背压阀使用，能使系统工作平稳；溢流阀与换向阀配合，可实现系统的多级压力控制；在制动回路中，用溢流阀可实现制动作用。

② 减压阀

减压阀是一种利用液流流过缝隙产生压降的原理，使出口油压低于进口油压的压力控制阀，以满足执行机构的需要。减压阀有直动式和先导式两种，一般采用先导式。图7-26为先导式减压阀，它分为两部分，先导阀调压，主阀减压。压力为 P_1 的油从阀的进油口流入，经过缝隙δ减压以后，压力降为 P_2，再从出油口流出。当出油口压力 P_2 大于调整压力时，先导锥阀被顶开，主滑阀上端油腔中的部分压力油便经先导阀开口及泄油孔L流入油箱。

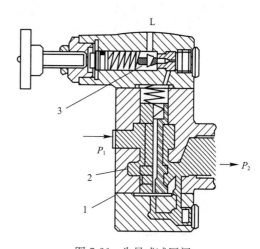

图7-26 先导式减压阀
1—主阀芯；2—缝隙δ；3—导阀阀芯；L—外泄漏

由于主滑阀阀芯内部阻尼小孔的作用，滑阀上腔中的油压降低，阀芯失去平衡而向上移动，因而缝隙δ减小，减压作用增强，使出口压力 P_2 降低至调整的数值。当出口压力 P_2 小于调整压力时，其作用过程与上述相反。减压阀出口压力的稳定数值，可以通过上部调压螺钉来调节。

3）流量控制阀

流量控制阀（图7-27）是通过改变液流的通流截面来控制系统工作流量，以改变执行元件运动速度的阀，简称流量阀。

单向节流阀的结构如图7-28所示，节流口形式为轴向三角槽式。压力油从进油口流入，经进油孔道和阀芯5上端的节流沟槽进入出油孔道，再从出油口流出。旋转手柄，可使推杆2沿轴向移动，推杆下移时，阀芯也下移，节流口开大，流量增大；推杆上移时，阀芯也上移，节流口关小，流量减小。为保证稳定流量，节流口的形式以薄壁小孔较为理想。

(4) 液压辅件

液压系统中的辅助装置有蓄能器、滤油器、油箱、热交换器、管件等，辅助装置对系统的动态性能、工作稳定性、工作寿命、噪声和温升等都有直接影响，必须予以重视。其中油箱需根据系统要求自行设计，其他辅助装置则做成标准件，供设计时选用。

图 7-27 节流阀

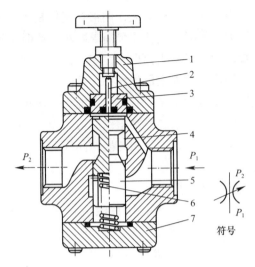

图 7-28 单向节流阀结构图
1—顶盖；2—推杆；3—导套；4—阀体；
5—阀芯；6—弹簧；7—底盖

1）油管

油管的作用是连接液压元件和输送液压油。在液压系统中常用的油管有钢管、铜管、尼龙管和橡胶软管，可根据具体用途进行选择。

2）油箱

油箱主要功能是储油、散热及分离油液中的空气和杂质。油箱的结构如图 7-29 所示，形状根据主机总体布置而定。

3）滤油器

滤油器的作用是分离油中的杂质，使系统中的液压油保持清洁，以提高系统工作的可靠性和液压元件的寿命。

常用液压元件图形符号见表 7-7 所列。

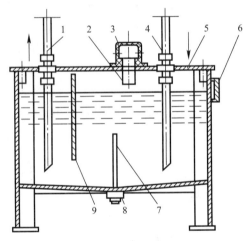

图 7-29 油箱与油箱结构示意图
1—吸油管；2—滤油网；3—盖；4—回油管；
5—上盖；6—油位计；7、9—隔板；8—放油阀

常用液压元件图形符号 表 7-7

序号	名称	符号	序号	名称	符号
1	定量液压泵		3	定量马达	
2	变量液压泵		4	变量马达	

续表

序号	名称	符号	序号	名称	符号
5	单作用活塞式缸		17	二位三通阀	
6	双作用活塞式缸		18	二位四通阀	
7	溢流阀		19	三位三通阀	
8	减压阀		20	三位四通阀	
9	顺序阀		21	三位四通手动阀	
10	卸荷阀		22	三位四通电磁阀	
11	节流阀		23	单向节流阀	
12	可调节流阀		24	单向调速阀	
13	调速阀		25	液压锁	
14	溢流节流阀		26	带单向阀精过滤器	
15	单向阀		27	粗过滤器	
16	液控单向阀		28	精过滤器	

2. 典型液压回路

液压回路指的是由有关液压元件组成，用来完成特定功能的油路结构。液压回路由基本回路组成，完成复杂的动作。熟悉和掌握这些基本回路的组成、工作原理及应用，是分析、设计和使用液压系统的基础。

(1) 自升式塔式起重机液压顶升系统回路

如图 7-30 所示的是某自升式塔式起重机液压顶升系统原理图。

手动换向阀 7 处于上升位置（图示左位），轴向柱塞泵 2 由电机 3 带动旋转后，从油箱 1 中吸油，油液经滤油器 1 进入轴向柱塞泵 2，由轴向柱塞泵 2 转换成压力油，通过手动换向阀 7 的 P-A 通道，经高压软管→液控单向阀→节流阀→液压缸无杆腔，推动缸筒上升，同时液压缸有杆腔压力油打开内部平衡阀 9（回油反向流动油压由溢流阀 5 调定，压力安装时已调整，顶升速度靠轴向柱塞泵 2 流量调定）。液压缸有杆腔内的液压油经内部平衡阀 9→手动换向阀 7B-T 通道→油箱，实施回油。手动换向阀 7 处于下降位置（图示右位），压力油经手动换向阀 P-B 通道→高压软管→内部平衡阀 9→液压缸有杆腔，同时压力油打开液控单向阀。液压缸无杆腔内液压油经液控单向阀→高压软管→手动换向阀 A-T 通道→油箱，实施回油。手动换向阀 7 处于中间位置。电机 3 启动，轴向柱塞泵 2 工作，油液经滤油器 1 进入轴向柱塞泵 2，然后通过手动换向阀 7 中间位置 P-T 通道，回到油箱 1，此时系统处于卸荷状态。

(2) 汽车起重机支腿锁紧回路

图 7-31 为汽车起重机的支腿锁紧回路，采用液控单向阀实现锁紧。需要伸腿时，换向阀处于图示左位，有压力油进入，右侧回油路的单向阀被打开，左侧单向阀不妨碍压力油进入液压缸无杆腔，液压缸外伸。需要缩腿时，换向阀处于图示右位，压力油使左侧回油路的单向阀被打开，右侧单向阀不妨碍压力油进入液压缸有杆腔，液压缸缩回。但当三位四通阀处于中位或泵停止供油时，两个液控单向阀把液压缸内的液体密闭在里面，使液压缸锁住。汽车起重机的支腿液压缸在支撑期间，必须将无杆腔油路锁紧防止"软腿"缩回，当汽车起重机提起支腿在行驶途中，又必须将有杆腔油路锁紧以免自行沉落，所以采用双向液压锁。这种回路结构简单，密封性好，故锁紧效果好。

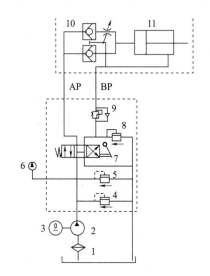

图 7-30 塔式起重机液压顶升系统回路

1—滤油器；2—轴向柱塞泵；3—电机；4—安全阀；
5—溢流阀；6—压力表；7—手动换向阀；8—低压溢流阀；
9—内部平衡阀；10—节油双液控单向阀；11—液压缸

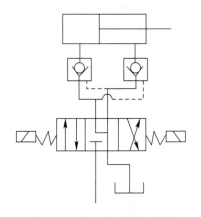

图 7-31 汽车起重机的支腿锁紧回路

(3) 汽车起重机起升机构限速回路

图 7-32 为汽车起重机起升机构限速回路。在吊钩下降的回路上，装了一个远控平衡阀。当需要吊钩上升吊起重物时，三位四通换向阀处于右位，压力油通过平衡阀中的单向阀从右侧油路进入液压马达，左侧油路中的油液则经换向阀流回油箱，此时重物上升。当需要吊钩下行放下重物时，换向阀处于左位状态，压力油从左侧油路进入液压马达，同时有控制油进入平衡阀的远控口，使平衡阀开启，以便马达回油腔经平衡阀回油。重物下降开始的一瞬间，因平衡阀尚未打开，右侧回油路处于被锁紧状态，于是马达进油路油压升高。当油压升高到平衡阀开启压力时，阀口开启，液压马达右侧回油路接通，马达驱动卷筒使重物下降。倘若马达在重物的重力作用下发生超速运转，即转

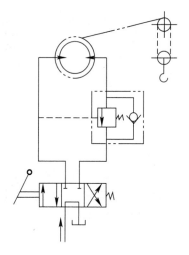

图 7-32 起升机构限速回路

速超过系统的控制速度时，左侧油路将由于泵供油不及而使油压下降，平衡阀主芯便在弹簧力的作用下关小阀口，增加回油流阻，从而消除超速现象，使重物按控制速度下降。

八、施工机械常用油料

施工机械常用油料按其工作性质和用途可分为燃油（汽油、柴油）、润滑油（内燃机油、齿轮油、润滑脂等）、工作油（液压油、液力传动油、制动液等）三类。正确使用和管理油料，是保证机械正常运行，提高机械生产效率的有效措施，对节约能源，降低机械使用费都具有重要意义。

（一）燃　　油

用做内燃机燃料的油料称为燃油。燃油有汽油、柴油之分，施工机械较多使用柴油。

1. 汽油

汽油按其用途分为航空汽油和车用汽油两类。车用汽油主要用于点燃式内燃机（汽油机）作燃料。

（1）车用汽油的主要性能指标

1）抗爆性：指汽油在各种工作条件下燃烧时的抗爆震能力，它表示汽油在发动机内正常燃烧而不发生爆震的性能。

2）蒸发性：汽油从液态转变为气态的性能称为蒸发性（汽化性），它是衡量汽油蒸发难易程度的性能指标，它直接影响到发动机冷启动性能、暖机性能和不产生气阻的性能等。

3）安定性：汽油在储存和使用过程中，防止在温度和光的作用下，使汽油中不安定烃氰化物生成胶质物质和酸性物质的性能，常称抗氧化安定性。

4）腐蚀性：汽油或其他油料与金属发生化学反应，使金属失去固有性能的能力称为腐蚀性。汽油的腐蚀性来源于少量非烃氰化合物和外来物质，如硫及硫化物、水溶性酸和碱、有机酸等。

5）其他理化性能：物理性能主要包括密度、凝点、冰点、黏度等；化学性能主要指酸度、酸值、残炭、灰分等。

（2）车用汽油的牌号

汽油的牌号是以辛烷值确定的，过去，我国采用马达法辛烷值确定汽油牌号。长期使用的马达法辛烷值66号和70号汽油因辛烷值较低，含四乙基铅量较高，其抗爆性能只适用于压缩比不大于7的汽油发动机。随着新型发动机的压缩比提高，上述牌号的汽油，将逐渐由研究法辛烷值确定的90号、93号代替。

(3) 车用汽油的选用

选择汽油牌号应根据机械使用说明书的要求，以在正常运行条件下不发生爆震为前提。一般可根据发动机的压缩比对辛烷值的要求来选用。压缩比在 7.0 以下的宜选用 66 号和 70 号汽油；压缩比在 7.0~8.0 之间的，宜选用 90 号汽油；压缩比在 8.0 以上的，宜选用 93 号或 97 号汽油。如果选用不当，如压缩比高的发动机选用低辛烷值汽油，则会引起发动机爆震，使得功率下降，油耗升高；反之，压缩比低的发动机若使用高辛烷值的汽油，会造成浪费。

(4) 车用汽油的使用要点

1) 当汽油牌号不能满足要求时，可选择牌号相近的汽油代用。如发动机使用辛烷值低于要求的汽油时，可适当推迟点火时间，将浮子室的油面高度适当提高，主量孔针阀适当调大些，以免爆震；如发动机使用辛烷值高于要求的汽油时，可适当提前点火时间，将浮子室油面高度适当调低，主量孔针阀适当调小些，以充分发挥高辛烷值汽油的效能，降低油耗。

2) 机械在高原地区作业时，由于高原地区空气较稀薄，发动机吸入的空气量下降，压缩终了的压力和温度都有所下降，因此，可选用较低牌号的汽油。

3) 长期存放后已变质的汽油不应使用，否则将导致发动机严重积炭。应经常使油箱保持充满，以减少汽油与空气的接触面积，防止汽油劣化。

4) 不要用加铅汽油作清洗油使用，并禁止用嘴吮吸汽油。

2. 柴油

柴油有轻柴油和重柴油之分。轻柴油适用于全负荷转速在 960r/min 以上的高速柴油机；重柴油适用于全负荷转速在 960r/min 以下的中速柴油机和 300r/min 以下的低速柴油机。施工机械使用的多属高速柴油机，下述多属轻柴油内容，并简称柴油。

(1) 柴油的主要性能指标

1) 燃烧性。燃烧性即柴油能迅速自行着火的自燃性。衡量指标是十六烷值的高低。十六烷值高，滞燃期就短，气缸内压力增长速度均匀，不易产生爆震，启动性能好，功率大，耗油少。反之，则滞燃期延长、着火慢，发动机运转不平稳，功率低。

2) 低温流动性。柴油的低温流动性是以凝点和黏度来表示的。

① 凝点：将油料在一定试验条件下，遇冷开始凝固而失去流动性的最高温度称为凝点。它是柴油的重要性能指标。柴油的牌号就是按凝点的高低值来区分的。柴油中蜡的含量是影响凝点的主要物质，进行脱蜡处理可使柴油凝点降低，但柴油的可利用率将相应减少，而成本则增大。

② 黏度：是指油料分子受外力作用移动时，油料分子间产生的内摩擦力的性质，即稀稠程度，黏度随温度的变化而改变。温度高黏度小；温度低，黏度大。轻柴油的黏度是指 20℃时的稀稠程度。柴油的黏度与其流动性、雾化性、燃烧性和润滑性有关系。黏度过大，则雾化差，燃烧不完全，冒黑烟，耗油量增大；黏度过小，将使高压油泵的柱塞得不到良好的润滑，易泄漏，使压进燃烧室的油量不足而降低发动机功率。

3) 蒸发性。是指油料从液态转化为气态的性能。蒸发性好，能使柴油在滞燃期内与空气混合均匀，燃烧迅速，有利于柴油机启动和提速。柴油的蒸发性能是由馏程和闪点控制的。

① 馏程：是指油料的蒸馏分离过程，用来判断油料的沸点范围及其轻重馏分组成的多少。馏分温度低，表示油料的轻质成分多，蒸发性能好；反之则重质成分多，蒸发性能差。

② 闪点：它是表示油料蒸发性和安全性的指标。闪点的测定是将试油在规定条件下加热，使油气化和周围空气形成混合气，当接近火焰时，开始发出闪光时的温度称为"闪点"。闪点低的柴油，蒸发性好，但过低则燃烧快，易产生爆震，且运输、贮存危险性大。闪点在45℃以下属易燃品，闪点在45℃以上属可燃品。

4) 腐蚀性。测定的方法和汽油一样，主要测定硫分、酸度、水溶性酸或碱的含量，其中以硫分对柴油使用上的影响最大。

5) 安定性。测定方法同汽油，仅将控制温度由150℃增加到250℃，不能蒸发的实际胶质必须控制在一定范围内。

6) 其他理化性能，除以上各项指标外，柴油对灰分、机械杂质、水分及10%蒸余物残炭等也必须加以控制。

(2) 柴油的牌号

柴油按其质量分为优级品、一级品和合格品三个等级，每个等级按其凝点又可分为10号、0号、－10号、－20号、－35号和－50号六种牌号。10号柴油表示其凝点不高于10℃，以此类推。

(3) 柴油的选用

1) 应根据机械施工所在地区的气温选用适当凝点的柴油，为了避免因环境温度低于柴油凝点而造成冻结，选用的柴油凝点应低于环境温度1～3℃。

2) 柴油的十六烷值应与柴油机的转速相匹配。转速在1000r/min以下的，辛烷值应为35～40；转速在1000r/min以上的，辛烷值应高于40；转速在1500r/min以上的，辛烷值应为45～50。

3) 柴油的黏度应与环境温度和柴油机转速相适应。

(4) 柴油的使用要点

1) 不同牌号的柴油可掺合使用，掺合后的凝点在两掺合油之间，但并不与掺配数量成比例。如－10号与－20号柴油掺合后的混合油，其凝点不是－15℃，而是在－14～－13℃之间。柴油掺合时必须搅拌均匀。

2) 凝点较高的柴油可掺入裂化煤油10%～40%，以降低其凝点，如在0号柴油中掺入40%的裂化煤油，可获得－10号柴油。但柴油中不能掺入汽油，如柴油中掺入汽油，将使发火性能变差，导致启动困难，甚至不能启动。

3) 柴油加入油箱前，一定要充分沉淀（不少于48h），并经过滤以除去杂质，切实保证柴油的净化。每日作业后应使油箱加满。

4) 冬季使用桶装高凝点柴油时，不得用明火加热，以免爆炸。

(二) 润 滑 油

润滑油在机械运行中起着润滑、冷却、清洁、密封和防腐等作用。施工机械使用的润滑油（脂）主要有内燃机润滑油、齿轮润滑油和润滑脂等。

1. 内燃机润滑油

内燃机润滑油简称内燃机油，根据内燃机的不同要求，可分为适用于汽油机的汽油机机油和适用于柴油机的柴油机机油两类。

（1）内燃机机油的分类

我国对内燃机机油的分类原执行 GB 7631.3—1989 规定的代号，现已参照 API 分类方法，其代号与 SA EJ183 的分类相似，见表 8-1、表 8-2 所列。

汽油机机油分类及其特性表　　　　　表 8-1

代 号	特性及适用范围
SC	具有较好的清净性、分散性、抗氧化性、抗腐蚀性和防锈性，适用于中等负荷条件（压缩比 6.5~7.5）下工作的汽油机
SD	具有良好的清净分散、抗氧抗腐、抗磨等性能，并具有 SC 级油更好的防止汽油发动机高低温沉积和耐锈蚀及抗磨能力，适用于较苛刻条件下工作的汽油机
SE	具有良好的清净分散、抗氧防腐、抗磨等性能，并具有比 SD 级油更好的防止汽油发动机高低温沉积和耐锈蚀及抗磨能力，适用于高级轿车和苛刻条件下工作的汽油机
SF	各项技术性能优于 SE 级，并有较好的低温冷启动性能，多级油冷启动性能优于单级油，且节省燃料，并与国外各种牌号 APISF 级可互换使用，适用于苛刻条件下工作的各种汽油机

柴油机机油分类及其特性表　　　　　表 8-2

代 号	特性及适用范围
CA	具有高温清净性、抗氧化性、抗腐蚀性，适用于使用低硫燃料轻负荷柴油机
CB	具有高温清净性、抗氧化性、抗腐蚀性和一定的酸中和能力，适用于使用高硫燃料的中等负荷柴油机
CC	具有高温清净性、抗氧化性、抗腐蚀性和抗磨性，适用于中等负荷条件下工作的低压柴油机工作条件苛刻（或热负荷高）的非增压高速柴油机，以及要求使用 SAEJ183CC 级油的进口柴油机
CD	具有高温清净性、抗氧化性、抗腐蚀性和抗磨性，适用于高速、高负荷条件下工作的增压柴油机，以及要求使用 SAEJ183CC 级油的进口柴油机
CE	具有较 CD 级更好的性能，适用于增压或高增压、重负荷、高速柴油机

（2）内燃机机油的黏度分类

内燃机机油的黏度分类 GB/T 14906—1994 系参照 SAEJ300Jun87 所制定，它的黏度等级分类方法，按低温动力黏度、低温泵送性和 100℃ 时的运动黏度分级。将冬用油分为 0W、5W、10W、15W、20W 和 25W 六个级别；夏用及春秋用油分为 20、30、40、50、60 五个级别，W 表示冬季用油，见表 8-3 所列。对于单级油，其高温黏度应符合 100℃ 运动黏度所规定的范围。

内燃机机油黏度分类　　　　　　　　　　表 8-3

黏度等级	在下列温度下的最大黏度	泵送极限温度（℃）	最大稳定倾点（℃）	100℃运动黏度（mm²/s）	
				最小	最大
0W	3250，−30	−35	—	3.8	—
5W	3500，−25	−30	−35	3.8	—
10W	3500，−20	−25	−30	4.1	—
15W	3500，−1.5	−20	—	5.6	—
20W	4500，−10	−15	—	5.6	—
25W	6000，−5	−10	—	9.3	—
20	—	—	—	5.6	低于 9.3
30	—	—	—	9.3	低于 12.5
40	—	—	—	12.5	低于 16.3
50	—	—	—	16.3	低于 21.9
60	—	—	—	21.9	低于 26.1

从表 8-3 可以看出各级机油的黏度和适用温度范围。为使机油既有良好的低温启动性能，又有适应高温条件下工作的黏度，在上述级别的基础上，又生产出一系列多级油，即一个牌号的机油具有两个黏度级别，如 5W/20、20W/40 等。它们分别符合表中的一个低温黏度级别和一个高温黏度级别的性能，能在一个地区范围内冬夏通用。

（3）内燃机机油的主要性能指标

1）黏度。黏度是表示油料稀稠度的一项主要指标，润滑油的牌号就是用黏度来表示的。黏度因测量方法不同有多种表示方法，我国常用的是运动黏度，它是油料的绝对黏度和同温度油料的比值，单位为 cm^2/s。对于黏度较大，不易用运动黏度测定的油料（如齿轮油），则采用恩氏黏度，单位为 E。度数越大，黏度也越大。

2）黏温性能（黏度指数）。黏度随温度变化的程度小，黏温性能好，反之则差。表示黏温性能的指标是同一油样在 50℃的运动黏度对 100℃运动黏度的比值，比值越大，黏温性能越差，质量不好；比值越小，黏温性能好，油的质量就好。

3）凝固点。将测定的润滑油放在试管中冷却，直到把它倾斜 45°，并经过 1min 后油面不流动时的温度为凝固点（简称凝点）。油料凝结时，其润滑性能变坏。

4）酸值。中和 1g 润滑油中的有机酸所需要的氢氧化钾（KOH）的毫克数为润滑油的酸值。有机酸对金属有强烈的腐蚀性。酸值超过规定的润滑油在使用中容易变质（呈酸性），导致润滑作用变坏。

5）水溶性酸或碱。指能溶于水中的无机酸或碱，以及低分子有机酸和碱的化合物等物质。润滑油在使用中如呈水溶性酸，则主要是氧化物变质所造成。

6）闪点或燃点。当润滑油在一定的加热条件下，它的蒸气与空气形成混合气体，在接近火焰时有闪光发生，此时油的温度叫做"闪点"。如果使闪光时间达到 5s，则此时的油温就达到"燃点"。闪点的高低表示油料在高温下的安定性。闪点高的油料，使用和运输都较安全。闪点低的润滑油易被蒸发，增大耗油量。

7）残炭。残炭会堵塞油路，增大机械磨损，对高精度的机械，不可选用炭渣成分多的润滑油。

8) 灰分。灰分是油料安全燃烧后所剩下的残留物,主要是金属盐类。不含添加剂的油料灰分应该小,但一般润滑油都加入有高灰分的添加剂,这些添加剂的作用大大超过由于高灰分带来的不利因素,因此这些油品的灰分规定不小于一定的指标,用以间接控制添加剂的加入量不低于规定。

9) 机械杂质和水分。经过溶解后过滤所残留的杂质称为机械杂质,它会影响润滑效果,加速机件磨损。水分会降低油膜强度,产生泡沫或乳化变质,低温时会结冰,影响机械功能。国标规定:加添加剂后的杂质含量不大于0.01%;水分含量不大于"痕迹"(即0.03%)。

(4) 内燃机机油的选用

1) 根据发动机工作条件选用(使用级)

① 汽油机机油:根据发动机压缩比选用。压缩比在6.8～7.2,最高转速在3000r/min以上,升功率超过17.5kW/L的发动机可选用SC级油;压缩比超过8,最高转速达到5000r/min,升功率在30kW/L的发动机可选用SD级或SE级。

② 柴油机机油:柴油机可按其强化程度来选用柴油机机油。柴油机的强化程度可用柴油机的强化系数来表示,强化系数越高,其热负荷和机械负荷就越高,要求使用的柴油机油级别也越高。

2) 根据地区气温选用(黏度级)

根据地区气温选择机油的黏度等级,见表8-4所列。单级油不可能同时满足低温及高温条件下的工作要求。为了减少冬夏季换油,可选用温度范围较宽的多级油,如长城以南、长江以北地区可选用15W/30或15W/40的多级油;寒区可选用10W/30多级油;严寒地区可选用5W/30多级油。

根据气温与地区情况选择机油的黏度等级　　　表8-4

气温(或月份)	地　区	机油黏度
4月	全国大部分地区	20、30、40号
−10～0℃	长江以南,南岭以北	25W
−15～−5℃	黄河以南,长江以北	20W
−20～−15℃(−25～−20℃)	华北、中西部及黄河以北的寒区	15W或10W
−30～−25℃	东北、西北等严寒地区	5W
−30℃以下	严寒地区	0W

3) 根据机械技术状况选用

机件磨损较大的老旧发动机,可选用黏度大的机油,对新发动机则可选用黏度小的机油。对于升功率大而且润滑系统容量较小的,应选用级别较高的机油。对于重负荷、长时间运转的机械,可选用黏度较大的机油。对于时常停歇的机械,曲轴箱温度较低,可选用黏度较小的机油。机械在走合期内,不论冬夏,都应使用20号机油。

(5) 内燃机机油使用要点

1) 必须选用黏度合适的机油,那种认为黏度大些有利于润滑的想法是错误的。其实,选用黏度过大的机油，反而会使机械磨损增大，冷却和清洁作用变差。

2) 正确选用机油级别。高级别机油可用于要求较低的发动机，但经济上不合算；低级别机油则切不可用于要求较高的发动机中，否则会导致发动机早期磨损。

3) 注意保持曲轴箱中机油油面正常，使用中应注意勿使油温过高，以免机油过稀和加速变质。

4) 注意保持空气及机油滤清器的清洁，及时更换滤芯，以保持机油清洁。换油时，应注意放净残油，注意不要将不同牌号的油品混用，以免降低润滑效果。

5) 使用多级油时还应注意以下几点：

① 用多级油替换单级油时，应在发动机停止运转后趁热放净旧油，并将油底壳清洗干净后再加入多级油，寒冷地区如将多级油与旧油混用，会影响发动机的低温启动性。

② 使用多级油时，发动机机油压力会略偏低，这是正常现象，不影响发动机的润滑。

③ 多级油中因加有清净分散剂，能使沉积物悬浮于油中，使用后机油颜色会逐渐变深，这是正常现象。但要防止混入水分，以免引起清净分散剂浮化，影响使用。

(6) 在用机油的快速检测

在用机油的质量随着时间的增加而逐步劣化，劣化到一定程度就要换新油。为了实施按质换油，根据施工机械的特点，在无油品化验测试时，可采用现场快速检测。比较简易的检测方法是机油的外观及气味的检测，即用一个洁净的试管取少量在用机油样品，用肉眼及借助放大镜或闻气味的方法进行观察，按表8-5所描述的性状，判断机油的劣化变质程度。

机油性状及其劣化程度 表 8-5

状况描述	劣化程度描述
比较清澈透明，仍保持或接近新机油的颜色	污染较轻
不透明，呈雾状	机油中水分凝结较多或有水渗入
变灰	可能被染铅汽油污染
变黑	燃料不完全燃烧的产物，特别是柴油机燃烧尾气中的烟尘，渗入，使得机油很快变黑
出现刺激性气味	机油受高温后氧化较重
出现燃料味	燃料渗入，稀释机油

2. 齿轮油

齿轮传动润滑油简称齿轮油，有车辆齿轮油和工业齿轮油两大类，汽车和施工机械的齿轮箱使用车辆齿轮油。

(1) 车辆齿轮油的分类

我国车辆齿轮油参照国际通用的 API 分类法，按齿轮油使用承载能力和使用场合的不同，划分为普通车用齿轮油、中负荷车用齿轮油和重负荷车用齿轮油三类，分别相当于 API 分类的 GL-3、GL-4、GL-5。

车辆齿轮油分类见表 8-6 所列。

车辆齿轮油 API 分类（SAEJ308NOV·82） 表 8-6

API 类别	应用类型	齿轮传动类型	添加剂
GL—1	低压、低滑动速度工作条件	螺旋锥齿轮和蜗轮-蜗杆主减速器及某些手动齿轮变速器	抗氧、防锈、抗起泡和降凝剂，无极压剂和摩擦改进剂
GL—2	GL—1 不能充分满足的负荷、温度和滑动速度的工作条件	蜗轮-蜗杆主减速器	抗磨剂以及少量极压剂
GL—3	中等滑动速度和负荷，高于 GL—2 而低于 GL—4 的要求	螺旋锥齿轮主减速器和手动齿轮减速器	少量极压剂
GL—4	高速小扭矩和低速大扭矩的工作条件	轿车和其他汽车的准双曲面锥齿轮主减速器	较多的极压剂
GL—5	高速冲击负荷、高速小扭矩和低速大扭矩工作条件	轿车和其他汽车的准双曲面锥齿轮主减速器	多量极压剂
GL—6	用于抗擦伤性能要求比 GL—5 更高的使用条件，例如高偏置双曲线齿轮	轿车和其他汽车高偏置双曲线齿轮主减速器（偏置量＞5cm，或接近大齿圈的 25%）	大量极压剂

（2）车辆齿轮油的黏度分级

我国采用 SAEJ306 标准对车辆齿轮油进行分级，见表 8-7。表中分级级号数字后的 "W" 表示冬季用油，为了兼顾低温流动性和高温黏度，可采用多级齿轮油。如 80W/90 表示低温流动性符合 80W 黏度级要求，高温黏度符合 90 级油要求。

车辆齿轮油的 SAE 黏度分级（SAEJ306Jun83） 表 8-7

SAE 黏度分级级号	黏度为 150000MPa·S 的最高温度（℃）	100℃运动黏度（mm²/s）	
		最低	最高
70W	−55	4.1	—
75W	−40	4.1	—
80W	−26	7.0	—
85W	−12	11.0	—
90	—	13.5	<24.0
140	—	24.0	<41.0
250	—	41.0	—

（3）车辆齿轮油的主要质量指标

1）极压抗磨性。是指齿面在极高压（或高温）润滑条件下，防止擦伤和磨损的能力，特别是准双曲面锥齿轮具齿面负荷在 2000MPa 以上，要求齿轮油有较好的极压抗磨性。

2）抗氧化安定性。是指齿轮油在与空气中的氧接触氧化后，会出现黏度升高、酸值增加、颜色加深，产生沉淀和胶质，影响使用寿命等的程度。

3）剪切安定性。是指齿轮油在齿轮啮合运动中会受到强烈地机械剪切作用，使齿轮油中添加的高分子化合物（黏度指数改进剂和某些降凝剂）被剪断面分裂成低分子化合物，而使黏度下降的程度。

4）黏温特性，与内燃机油的要求相同。

（4）车辆齿轮油的选用

1）根据齿轮工作条件选用（使用级）

① 凡齿面接触应力不超过 1500MPa，齿面滑动速度在 1.5～8m/s 以内的齿轮可选用 GL—4 级油；

② 凡齿面接触应力在 2000MPa 以上，滑动速度超过 10m/s，最高温度达到 120～130℃时，应选用 GL—5 级油；

③ 对于准双曲面锥齿轮和双曲线锥齿轮应选用 GL—4 和 GL—5 级双曲线齿轮油。

2）根据地区气温选用（黏度级）

根据地区气温选择车辆齿轮油的级别和牌号，见表 8-8 所列。

表 8-8 根据地区气温选择车辆齿轮油

油品名称	选用牌号
GL—3	长城以北全年通用 85W/90；长城以南全年通用 90 或 85W/90
GL—4	严寒地区用 75W，寒区用 85W/90；长江以北全年通用 85W/90；长江以南全年通用 90 或 85W/90
GL—5	对齿轮油黏度要求较大的机械全年通用 85W/140

（5）车辆齿轮油使用注意事项

1）低级别齿轮油不能用在要求较高的机械上，高级别齿轮油可降级使用，但经济上不合算。

2）不同级别的齿轮油不能相互混用，也不能与其他厚质内燃机油混存混用。

3）不要认为高黏度齿轮油的润滑性能好。使用黏度太高的齿轮油，将增加机械燃料消耗。

4）加油量要适当。加油过多会增加齿轮运转时的搅拌阻力，造成能量损失；加油过少，会造成润滑不良，加速齿轮磨损。

5）换油时，应在热车状态下放出旧油并将齿轮箱清洗干净，然后换入新油。

3. 润滑脂

润滑脂是将稠化剂分散于液体润滑剂中所组成的润滑材料，由于它在常温下能附着于垂直表面而不流失，并能在敞开或密封不良的摩擦部位工作的特性，广泛应用于机械上的许多部位作为润滑材料。

（1）润滑脂的分类

润滑脂是按稠化剂组成分类的，即分为皂基脂、烃基脂、无机脂和有机脂四类，我国多用皂基脂。按所含皂类不同又可分为单一皂基，如钙基、钠基、锂基等；混合皂基，如钙钠基；复合皂基，如复合钙基、合成钠基等。

1）钙基润滑脂。它是由动植物油与石灰制成的钙皂稠化润滑油制成。使用特点是：抗水性强，耐热性差，只能在低于滴点 15～20℃以下，工作温度不超过 70℃，转速不超过 3000r/min 的情况下使用。

钙基脂有以下几种混合式复合钙基脂。

① 合成钙基脂：它是以合成脂肪酸、馏分酸的钙皂稠化中等黏度的润滑油制成，具有良好的润滑性，但使用温度不得超过 70%。

② 复合钙基脂：它是以醋酸钙复合的脂肪酸钙皂稠化机械油制成，具有较好的机械安定性和胶体安定性。

③ 石墨钙基脂：它是由动植物钙皂稠化 40 号机械油并加入 10% 的鳞片状石墨制成。具有良好的耐压抗磨性和抗水性，但不耐高温，适用于工作温度不超过 60℃ 的重负荷粗糙表面的摩擦部位。

2）钠基润滑脂。它是以动植物油加烧碱制成的钠皂稠化润滑油制成。使用特点是：耐热性强，耐水性极差，能用于高温（达 135℃）工作环境，但不能用在潮湿或有水的部位。

3）锂基润滑脂。它是以动植物油的锂皂稠化润滑油并加入一定量的抗氧化添加剂制成。使用特点是：低温性能良好，使用温度范围（-60~120℃）较广，使用周期长，抗水性也好，能代替钙基、钠基和钙钠基润滑脂，是一种多用途的优良润滑脂。

4）钙钠基润滑脂。它是用动植物油的钙钠基混合皂稠化润滑油制成的，兼有钙基和钠基的特点，适用于工作温度在 100℃ 以下，而又易与水接触的工作条件。适合于轴承使用，故又称轴承脂。

5）二硫化钼润滑脂。是由天然辉钼矿经过化学提纯和机械处理制成的一种黑色带银光泽的粉末，采用胶粘剂将其粘结成膏状物，使用时将膏状的二硫化钼均匀涂在啮合面上，被挤压成膜，对摩擦表面有优异的润滑效能，适用于高温、重负荷或有冲击负荷的机件润滑。

(2) 润滑脂的主要质量指标

1）稠度。润滑脂是由稠化剂和润滑油所形成两相分散体系的胶体，其稠度是指润滑脂在规定的剪切速度下，测定的润滑脂变形的程度，以表达其结构特性，一般用针入度来计量。针入度是在试验条件下，标准圆锥体在 5s 内沉入润滑脂的深度，单位是 1/10mm。针入度越大，稠度越小。我国润滑脂的牌号是根据针入度大小来划分的，见表 8-9 所列。

国产润滑脂牌号与针入度指标　　　　　表 8-9

润滑脂牌号	0	1	2	3	4	5
针入度（25℃）(1/10mm)	355~385	310~340	265~295	220~250	175~205	130~160

2）滴点。是指润滑脂附着在部件表面不因动力流动而流失的能力，通常用丧失这种能力的温度来表示。滴点高，表明润滑脂耐温性好，反之，则耐温性差。要求润滑脂的滴点应高于使用部位工作温度 10~20℃。

3）机械安定性。是指润滑脂在润滑部件上，随部件以一定的速度转动或滑动时，受到剪切作用而抵抗稠度变化的能力。在机械剪切作用下，如果润滑脂明显地软化，稠度变小，即说明其机械安定性差。

4) 相似黏度。在给定温度下，润滑脂受到剪切时，其黏度随脂层间剪速的改变而改变，剪速与剪切的比值称为相似黏度。

5) 极压性。涂在相互接触的金属表面的润滑脂所形成的脂膜，能承受纵向和横向负荷的特性称为极压性。

6) 氧化安定性。指润滑脂抵抗空气氧化作用的能力。

7) 胶体安定性。指润滑脂抵抗温度和压力的影响而保持其胶体结构的能力。

（3）润滑脂的选用

国产润滑脂的主要性能及选用范围见表8-10所列。

润滑脂的主要性能及选用范围　　　　表8-10

油品	牌号	针入度 (1/100mm)	滴点（℃） 不低于	主要性能	选用范围
钙基润滑脂	ZG—1	310～340	75	耐水性强，耐热性差	适用于温度＜70℃，转速＜3000r/min的工况，其中ZG—1、ZG—2号用于轻负荷，ZG—3号用于中负荷；ZG—4、ZG—5号用于低转速重负荷；ZG—2H、ZG—3H号适用于轻、中负荷
	ZG—2	265～295	80		
	ZG—3	220～250	85		
	ZG—4	175～205	90		
	ZG—5	130～160	95		
	ZG—2H	270～330	75		
	ZG—3H	220～290	85		
复合钙基润滑脂	ZFG—1	310～340	180	耐高温、耐低温，可在-40℃下工作，有较好的耐水性	适用于高温150～200℃及潮湿条件下工作，在南方盛夏潮湿季节里，更为适宜，用于轮壳及水泵、轴承等处
	ZFG—2	265～295	200		
	ZFG—3	220～250	220		
	ZFG—4	175～205	240		
石墨钙基润滑脂	ZG—S		80	抗磨极压性好，耐热性差，抗水性好	适用于高负荷、低转速粗糙机械如汽车钢板弹簧、绞车齿轮和钢丝绳、起重回转齿盘等
钠基润滑脂	ZN—2	265～295	140	耐水性好，耐热性差	适用于不高于135℃的中、重负荷摩擦部位，但不宜用于高速、低负荷部位或有水部位
	ZN—3	220～250	140		
	ZN—4	175～205	150		
合成钠基	ZN—1H	225～275	130	耐水性好，安定性好，耐热性差	合成钠基润滑脂性能同钠基润滑脂适用范围相同，高温钠基润滑脂适用温度在200℃以下
	ZN—2H	175～225	150		
高温钠基		170～225	200		
钙钠基润滑脂	ZGN—1	250～290	120	抗水性优于钠基，耐热性优于钙基	适用于一般潮湿环境下工作，但不适用于低温工作，如水泵轴承、轮壳轴承、传动中间轴承、离合器轴承等
	ZGN—2	200～240	135		
锂基润滑脂	ZL—1H	310～340	170	具有耐热性、耐水性、耐磨性、耐用性，使用温度广，性能优越	性能优于上述各种润滑脂，可用于30000r/min的高速磨头，温度范围可在-60～120℃内使用
	ZL—2H	265～295	175		
	ZL—3H	220～250	180		
	ZL—4H	175～205	185		
	ZL—5H	130～160	190		
二硫化钼润滑脂				具有耐热性、耐磨性、耐低温性、抗水、稳定、安定性好，性能优异	适用于重负荷、高转速，可在-60～400℃温度范围内使用

(4) 润滑脂使用注意事项

1) 不同种类的润滑脂混合使用，将使稠化剂分散不匀，不能形成稳定结构而使润滑脂变软和机械安定性下降。

2) 不允许将新鲜润滑脂和旧润滑脂混合使用，因为旧润滑脂中含有大量有机酸和杂质，将加速新鲜润滑脂的氧化。

3) 在一般情况下，润滑脂和润滑油不能混合使用。如因特殊需要，必须经过匀化处理。

4) 二硫化钼润滑脂由于石墨中含有较多杂质，不宜用于滚动轴承摩擦面。

（三）工 作 油

施工机械上使用的工作油主要有液压油、液力传动油和制动液这三种。

1. 液压油

液压油是液压系统传递能量的介质，是各种机械液压装置的专用工作油。它既起传递动能的功用，还能起到对有关部件的润滑作用。

(1) 液压油的分类及性能

GB/T 7631.2—2003 对液压油的分类采用 ISO6743/4 的规定，其中符号为 HH、HL、HM、HG、HV、HS 的均属矿油型液压油，施工机械常用的为 HM、HV、HS 三种，其组成和特性见表 8-11 所列。表中抗磨液压油（HM）是液压系统广泛使用的液压油。液压系统对液压油质的要求取决于系统的压力、体积流率和温度等运行条件。我国液压系统压力范围分级见表 8-12 所列。

液压油的组成和特性表　　　　表 8-11

应用场合	符　号	组成和特性
液压系统	HM	HL 型油并改善其抗磨性（HL 系 ISO 分类代号为机床通用液压油）称为抗磨液压油
	HV	HM 型油并改善其黏温特性
	HS	无特定抗燃性要求的合成液

液压系统压力范围分级　　　　表 8-12

压力分级	压力范围（MPa）	压力分级	压力范围（MPa）
低压	0～2.5	高压	大于 16.0～32.0
中压	大于 2.5～8.0	超高压	大于 32.0
中高压	大于 8.0～16.0		

(2) 液压油的黏度分级

我国液压油的黏度分级是采用 ISO 标准，将液压油按 40℃ 运动黏度分为 N15、N22、N32、N46、N68、N100 和 N150 七个牌号，黏度范围见表 8-13 所列。

液压油的黏度等级和原牌号对照 表 8-13

40℃运动黏度（mm²/s）		50℃运动黏度（mm²/s）		
ISO黏度等级	黏度范围	黏度等级=50	黏度等级=90	相近的原黏度牌号
ISOVG5	4.14～5.06	3.29～3.95	3.32～3.99	3
ISOVG 7	6.12～7.48	4.68～5.16	4.77～5.72	5
ISOVG10	9.00～11.00	6.65～7.99	6.78～8.14	7
ISOVG15	13.5～16.5	9.62～11.5	9.80～11.8	10
ISOVG22	19.8～24.2	13.6～16.4	13.9～16.6	15
ISOVG32	28.8～35.2	19.0～22.6	19.4～23.5	20
ISOVG46	41.4～50.6	26.1～31.1	27.0～32.5	30
ISOVG68	61.2～74.8	37.1～44.4	38.7～46.6	40
ISOVG100	90.0～110	52.4～63.0	55.3～66.6	66
ISOVG150	135～165	75.9～91.2	80.6～97.2	80

（3）液压油的主要性能指标

1）极压抗磨性。液压油具有较高的油膜强度，能保证液压油泵、马达、控制阀等液压元件在高压、高速苛刻条件下得到正常润滑，减少磨损。

2）抗泡沫性和析气性。用以保证在运转中受到机械剧烈搅拌的条件下产生的泡沫能迅速消失；并能将混入油中的空气在较短时间内释放出来，以实现准确、灵敏、平稳地传递静压。

3）黏度和黏温性能。合适的黏度和黏温性能，用以保证液压元件在工作压力和工作温度发生变化的条件下得到良好的润滑、冷却和密封。

4）抗氧化安定性、水解安定性和热稳定性。用以抵抗空气、水分和高压、高温等因素的影响和作用，使液压元件不易老化变质，延长使用寿命。

5）抗乳化性。它能使混入油中的水分迅速分离，防止形成乳化液。

（4）液压油的选用

液压油的选用应在全面了解液压油性能指标并结合考虑经济性的基础上，根据液压系统的工作环境及其使用条件选择合适的品种，再根据黏度要求选择牌号（表 8-14、表 8-15）。

按液压系统工况选用液压油参考表 表 8-14

工 况	压力在7MPa以下，温度在50℃以下	压力在7～14MPa，温度在50℃以下	压力在7～14MPa，温度在50℃以上	压力在14MPa，温度在80～100℃
室内固定液压设备	HL油	HL油或HM油	HM油	HM油
露天寒区和严寒区液压设备	HR油	HV油或HS油	HV油或HS油	HV油或HS油
地下作业和水上作业的液压设备	HL油	HL油或HM油	HL油或HM油	HM油

按液压泵选用液压油参考表 表 8-15

泵 型		黏度（50℃）(mm²/s)		适用的液压油	
		5～40℃[①]	40～80℃[①]	40～80℃[①]	5～40℃[①]
叶片泵	70MPa以下	19～29	25～44	32号、46号 HL油	46号、68号 HL油
	70MPa以上	31～42	35～55	46号、68号 HM油	68号、100号 HL油
螺杆泵[②]		19～29	25～49	32号、46号 HL油或HM油	46号、68号 HL油或HM油

续表

泵 型	黏度（50℃）(mm²/s)		适用的液压油	
	5～40℃①	40～80℃①	40～80℃①	5～40℃①
齿轮泵②	19～42	59～98	32号、46号、68号 HL油或 HM油	100号 HL油或 HM油
径向柱塞泵	19～29	38～135	32号、46号 HL油或 HM油	68号、100号 HL油或 HM油
轴向柱塞泵②	26～42	42～93	32号、46号、68号 HL油或 HM油	68号、100号 HL油或 HM油

注：① 系指液压系统工作温度；② 高压时选用 HM油。

液压泵最适合油料的黏度是在容积效率与机械效率达到最佳平衡时的油黏度。在选择适宜的黏度范围之后，还应选择适宜的黏度指数。对野外使用的施工机械，其液压系统以中、高压为主，且一般多采用柱塞泵或齿轮泵。对于那些油温高于环境温度不多的，应考虑低温泵送性，选用黏度级号较小的液压油；对于工作持续时间长，具有高压、低速、大扭矩和大流量等特点的施工机械，夏季工作温度可达80℃，则应选用黏度级号较高的液压油；对在寒区及严寒区作业的施工机械，应选用 HV 或 HS 高黏度指数低温液压油，以保证液压系统的低温性能，并使系统冬、夏用油一致，以免更换频繁。

在使用液压油的初期，应注意机械运转状况，定期进行油样化验，判断其是否符合要求（表8-16）。

液压泵适用液压油黏度范围表 表8-16

泵 型	适用黏度范围（mm²/s）	
	40℃	50℃
柱塞泵或供水用离心泵	>2.7	>1.5
叶片泵 7MPa 以下	25～44	15～25
叶片泵 7MPa 以上	45～68	25～40
齿轮泵	30～115	15～70
柱塞泵	30～115	15～70
数控（Nc）液压系统电液脉冲：马达 7MPa 以下	20～30	10～15
7MPa 以上	30～40	20～25

（5）液压油的更换

1）对在用液压油应定期取样化验，正常使用条件下，每两个月取样化验一次。不具备化验条件时，应按机械说明书规定周期换油。

2）换油步骤

① 首先应要更换液压油箱中的液压油，可先将油箱中的液压油放净，并拆卸总油管，严格清洗油箱及滤油器，再用清洁的化学清洗剂清洗液压油箱，待晾干后，再用清洁的新液压油冲洗，在放尽冲洗油后再加入新液压油。

② 启动内燃机，以低速运转，使液压泵开始动作，分别操纵各机构，依靠新液压油将系统各回路的旧油逐一排出，排出的旧油不得流入液压油箱，直至总回油管有新油流出后停止液压泵转动。在各回路换油的同时，应注意不断向液压油箱补充新液压油，以防液压泵吸空。

③ 将总回油管与油箱连接，最后将各元件置于工作初始状态，往油箱中补充新液压油至规定位置。

3) 不同品种、不同牌号的液压油不得混合使用，新油在加入前和加入后，都要进行取样化验，以确保油液质量。

2. 液力传动油

液力传动油是液力传动的工作介质，属于动态液压油，又称 PTF 油。

(1) 液力传动油的分类

国外液力传动油均采用美国 ASTM 和 API 共同提出的分类方法，它与国产液力传动油相对应的使用分类见表 8-17 所列。

表 8-17 液力传动油的分类、特点及使用范围

API 分类	特点及使用范围	对应国产油名
PTF—1	低温启动性好，对油的低温黏度及黏温性有很高的要求，适用于轿车、轻型载重汽车的自动传动装置	8 号液力传动油，自动变速器油（液）
PTF—2	能在重负荷或苛刻条件下使用，对极压抗磨性的要求较高，适用于重型载重汽车、越野车的功率转换器和液力偶合器等	6 号液力传动油，功率转换器油
PTF—3	极压抗磨性和负荷承载能力比 PTF-2 类油的要求更严格，适合在中低速下运转的拖拉机及野外作业的施工机械液力传动系统和齿轮箱中使用	拖拉机液压/传动两用油

(2) 液力传动油的选用

应按机械使用说明书的规定，选用适当品种的液力传动油。一般轻型施工机械和载重汽车的自动传动装置，可采用 8 号油；施工机械和重型汽车的液力传动系统，可采用 6 号油；对液压与传动系统同用一个油箱的全液压的施工机械、拖拉机则应选用传动/液压两用油。100 号两用油适用于南方地区，100 号和 68 号两用油适用于北方地区。

(3) 液力传动油使用要点

1) 6 号和 8 号液力传动油是一种专用产品，加有染色剂，系红色或蓝色透明液体，绝不能与其他油品混用，同牌号不同厂家生产的也不宜混兑使用。

2) 储存使用中要严格防止混入水等杂质，容器和加油工具必须保持清洁、严密，防止乳化变质。

3) 使用中，要注意保持油温正常，以延缓油品变质，延长使用周期。

4) 在检查油面和换油时，要注意油液的状况，可用手指蘸少许油液察看是否有渣粒存在，通过对油液的外观检查，以反映存在问题，见表 8-18 所列。

表 8-18 液力传动油外观检查所反映的问题

外 观	所反映的问题
清澈带红色	正常
呈暗红或褐色	由于换油不及时或过热引起，如长时间低速重载运行
颜色清淡气泡多	内部空气泄漏或油面过高
油中有固体残渣	离合器或轴承损坏造成金属磨屑进入油中
油标尺上有胶状物	变速器过热

3. 制动液

制动液（通称刹车油）是汽车及施工机械传递压力的工作介质。

(1) 制动液的分类

制动液按配制原料的不同，可分为醇型、合成型和矿油型三类。

1) 醇型制动液。它是由低碳脂肪醇（乙醇、丁醇）和蓖麻油按一定比例配制而成，有1号和3号两个牌号，由于其安全性能较差，可用性能优良的合成型制动液取代醇型制动液。

2) 合成型制动液。它是以合成油为基础油，加入润滑剂和抗氧、防腐和防锈等添加剂制成的制动液，具有性能稳定的特点，适合在高速、重负荷的汽车和施工机械使用。

3) 矿油型制动液。它是以精制的轻柴油馏分为原料，经深度精制后加入黏度指数改进剂、抗氧剂、防锈剂及染色剂等调合制成，具有良好的润滑性，对金属无腐蚀作用，但对天然橡胶有溶胀作用。使用时，制动缸内必须更换耐油的丁腈橡胶皮碗。

(2) 制动液的选用

1) 合成型制动液可冬、夏季通用，重型载重汽车和施工机械可选用4603号或4603-1号合成制动液；轻型车辆可选用4604号合成制动液。

2) 矿油型制动液能保证温度在－50～150℃范围内正常使用，使用矿油型制动液的制动系统要换用耐油橡胶体。7号矿油型制动液在严寒地区冬、夏通用；9号矿油型制动液适宜在－25℃以上地区使用。

(3) 制动液使用要点

1) 不同类型和不同牌号的制动液绝对不能混存混用。

2) 勿使矿物油混入使用合成型制动液的制动系统中。

3) 存放制动液的容器应密封良好，防止水分杂质混入或吸入水汽而变质。制动液属易燃品，应注意防火。

4) 制动液使用前应予检查，如发现杂质及白色沉淀等，应过滤后再用。

5) 灌装制动液的工具、容器应专用。更换制动液时应将制动系统清洗干净。

6) 制动液更换期无具体规定，一般在车辆、机械维护中如要更换制动缸的活塞皮碗时，应同时更换制动液。

（四）油料的技术管理

施工企业在油料的保管、供应工作中，必须加强技术管理，以保证油料的质量和安全。

1. 保证油料质量的管理措施

(1) 正确选用油料。应根据机械使用说明书的要求选购和使用符合标准要求的油料。进口机械所用的油料，应严格按生产厂的具体要求，选择相对应的国产油料。

(2) 严格油料入库验收制度。验收时，应认真核对单据和实物，做到账、单据与实物

（品种、牌号及数量）完全相符。并应注意检查容器及其标志应完整，符合规定要求。

（3）严格领发制度。领发时应注意核对，防止差错，做到先进货的油料先发。注意对油料定期检验，不合格的油料不发。柴油要经过过滤，至少要经过沉淀 48h 才能领发使用。

2. 预防油料变质的技术措施

（1）减少油料轻馏分蒸发和延缓氧化变质

1) 降低温度，减少温差：要选择阴凉地点存放油料，尽量减少或防止阳光曝晒，油罐外表应喷涂银灰色涂层。有条件时应尽量使用地下或洞库储存油料，以降低储存温度。

2) 饱和储存，减少气体空间：油罐上部气体空间容积越大，油料越易蒸发和氧化。因此，装油容器除留出必要的膨胀空间（即安全容量）外，应尽可能装满。

3) 减少不必要的倒装：倒装时，不仅会造成油料的蒸发消耗，还会加速氧化。

4) 采取密封储存：密封储存油料，以减少与空气接触和防止污染物侵入。对于润滑油和特种油料，更应保持密封储存。

（2）防止水杂污染

1) 保持储油容器清洁：往油罐内卸油或灌桶前，必须检查罐、桶内部，清除水杂和污染物质，做到不清洁不灌装。油罐内壁应涂刷防腐涂层，以防铁锈落入油中。

2) 定期检查储油罐底部状况并清洗储油容器：每年应检查罐底一次，以判断是否需要清洗。一般清洗周期是：轻质油和润滑油储罐三年清洗一次；重柴油储罐两年半清洗一次。

3) 定期抽查库存油料：桶装油每六个月复验一次；罐存油可根据其周转情况每六个月至一年复验一次。对于易变质、稳定性差、存放周期长的油料，应缩短复验周期。

（3）防止混油污染

1) 不同性质的油料不能混用：对于各种散装油料在装运过程中，应将各输送管线、油泵分组专用，以防混油。

2) 油桶、油罐汽车、油罐等容器改装别种油料时，应进行刷洗、干燥。将使用过的容器改装高档润滑油时，必须进行特别刷洗，即用溶剂或适宜的洗油刷洗，要求达到无杂质、水分、油垢和纤维，目视或用抹布擦拭检查不呈锈皮及黑色油污后，方可装入。

九、建筑机械临时用电

（一）临时用电管理知识

1. 施工临时用电组织设计

施工现场临时用电组织设计是整个工程的施工组织设计中的不可缺少的一部分。按照《施工现场临时用电安全技术规范》（JGJ 46—2005）的规定："临时用电设备在 5 台及 5 台以上或设备总容量在 50kW 及 50kW 以上者，应编制临时用电施工组织设计。"

编制临时用电施工组织设计的目的在于使施工现场临时用电工程的设置有一个科学的程序，从而保障其运行的安全、可靠性；另一方面，临时用电施工组织设计作为临时用电工程的主要技术资料，它将有助于加强临时用电工程的技术管理，从而保障施工现场临时用电的科学与合理性。

制定临时用电施工组织设计必须考虑到的是：施工现场的大小；参照"工程项目施工组织总体设计"了解工程对各类用电机械的总体需求量；用电机械设备在各个施工阶段的用电性质及用电需求量；用电设备在现场分布及与电源的远近情况；供电电源及其容量情况等。在综合上述情况的基础上，制定一套安全用电技术措施和电气防火措施，使得设计的临时用电工程，既能满足现场施工用电的需要，又能保障现场安全用电的要求，同时还要兼顾用电方便和经济。

编制临时用电组织设计，其内容和步骤应包括：现场勘测；确定电源进线、变电所或配电室、配电装置、用电设备位置及线路走向；进行负荷计算；选择变压器；设计配电系统（包括设计配电线路，选择导线或电缆；设计配电装置，选择电器；设计接地装置；绘制临时用电工程图纸，主要包括用电工程总平面图、配电装置布置图、配电系统接线图、接地装置设计图）；设计防雷装置；确定防护措施；制定安全用电措施和电气防火措施。临时用电工程图应单独绘制，临时用电组织设计应经过现场有关负责人批准，临时用电工程应按图施工。

(1) 现场勘测

现场勘测工作包括：调查测绘现场地形、地貌，正式工程的位置，下水等地上、地下管线和沟道的位置，建筑材料、器具堆放位置，生产、生活暂设建筑物位置，用电设备装置安装位置，以及现场周围环境等。

临时用电施工组织设计的现场勘测可与建筑工程施工组织设计的现场勘测工作同时进行，或直接借用其勘测资料。

(2) 负荷计算

负荷计算主要根据是：在施工组织设计的土建分部中，确定了单元工程的施工方案，选择了所需要的机械用电设备和施工进度。根据现场用电情况计算施工用电电力负荷即计算负荷。计算负荷被作为选择供电变压器和发电机容量、导线截面、配电装置和电器的主要依据。

负荷计算要和变电所以及整个配电系统（配电室、配电箱、开关箱以及配电线路）的设计结合进行。

（3）确定电源进线、配电间、配电柜及主要用电设备位置及线路走向

依据现场勘测资料进行综合确定，配电所即为施工现场一级配电站，其位置应靠近户外变压器。进、出户电源线，要在平面位置图上定出，同时要定出内部接线方式，以及接地、接零方式等。拟订设置配电柜的数目，由此决定变、配电间的大小。在图中还要确定主要用电设备的位置，由此定出二级配电箱的位置，以及它们的配电线路走线路径。

配电线路设计除了选择和确定线路走向外，还要确定配线方式（架空线或埋地电缆）、敷设要求、导线排列，选择和确定配电线型号、规格，选择和确定其周围的防护设施等。

（4）建筑施工现场配电安全保护系统

配电线路设计不仅要与变电所设计相衔接，还要与配电箱设计相衔接，尤其要与施工现场配电系统的基本保护方式相结合。

目前电气基本安全保护措施分为五大保护系统：即 TN 系统、TT 系统、IT 系统、中性点有效接地系统和中性点非有效接地系统。其中 TN 系统根据中性导线和保护导线的布置分有三种：TN—S 系统、TN—C—S 系统和 TN—C 系统。这三种系统形式是各自分开而不共融，只有后两种介绍有 PEN 线的概念，而在 TN—S 系统中，PE 线与 N 线是完全分开的。

针对我国建筑施工现场临时用电安全的要求，建设部制定颁发的《施工现场临时用电安全技术规范》（JGJ 46—2005）标准中明确规定必须采用 TN—S 接地、接零保护系统。所以，在临时用电组织设计中这一系统（TN—S 接地、接零保护系统）是唯一而不能有其他的选择。在采用该系统时还必须采用三级配电的原则。所以，施工现场的配电装置的设计及所选择的电器，以及地线等均应严格执行并贯彻该标准。对于这一要求，应在临时用电组织设计的前言中加以表述。

（5）配电箱与开关箱设计

配电箱与开关箱设计是指为现场所用的非标准配电箱与开关箱的设计。这一设计要与配电系统的基本保护方式相适应，并满足用电设备的配电和控制要求，尤其是要满足防漏电触电的要求。

（6）防雷设计

施工现场的防雷，主要是防直击雷。防雷装置由接闪器、引下线和接地装置组成。在高层建筑施工中，防雷主要考虑高耸的钢管脚手架、井字架、门式架、施工电梯、塔式起重机等垂直机械。由于这些机械均属于钢铁连接件，不需要另用接闪器与引下线，只需做的是一定要有可靠的连接入地，一般要求与入地体有可靠的焊接长度，其入地电阻不大于 10Ω。对大型机械设备如塔式起重机其防雷入地电阻不大于 4Ω。防雷设计，其保护范围能

可靠覆盖整个施工现场，并能对雷电的危害起到有效防护作用。

（7）编制安全用电技术措施和电气防火措施

编制安全用电技术措施和电气防火措施要和现场的实际情况相适应，其要点是：电气设备的接地，包括重复接地，接零（TN—S系统）保护问题，装置漏电保护问题，一机一闸问题，外电防护问题，开关电器的装设、维护、检修、更换问题，以及对水源、火源、腐蚀介质、易燃易爆物的妥善处置等问题。

编制安全用电技术措施和电气防火措施还要兼顾现场的整个配电系统，包括从变、配电所到用电设备的整个临时用电工程，在环境条件、技术条件、设备状况和人员素质方面，制定的措施要有针对性、通用性、选用性和可操作性。

（8）确定防护措施

施工现场的电气领域的防护主要是指对外电高压输电线路、高压配电装置及易燃易爆物、腐蚀介质、机械损伤、电磁感应、静电等危险环境因素的防护。一般采用隔离，架设一定范围的围栏及警示等方法。对于两台塔式起重机作业面交叉的特殊工况，要制定防撞的专项措施，并形成制度，重点防范。

（9）制定应急用电预案

① 触电应急预案

应根据现场用电设施的布置情况，制定相应的防止触电的基本措施，要包含对于经常带电设备与偶然带电设备的防护。根据电气设备的性质、运行条件及周围环境，要求保证能防意外的接触、意外的接近或不可能接触，并制定检查、修理作业时的防护措施与办法。还要制定一旦有人遭受电击后，能够对其施行正确的紧急救护的正确方法与措施，平常要有针对性地进行演练。

② 用电紧急预案

应考虑到市网供电偶有断电情况发生，有重要施工需求（如连续的大面积混凝土浇筑、地下排水等）不能停顿的，要有针对性地准备另一套供电电源或自备一套发电机组，供主要关键设备临时急用。

（10）电气设计施工图

由于施工现场临时用电工程只具有暂设的意义，所以可综合给出体现设计要求的设计施工图。其中包括：供电总平面图，变、配电所（总配电箱）布置图，变、配电系统图，接地装置布置图等主要图样。

2. 设备负荷计算

施工用电设备负荷计算是施工临时用电组织设计的支持性文件，是大型建筑工地施工组织供电设计，中小型建筑工地施工规划编制施工供电计划的依据。建筑施工现场中有诸多用电设备、起重机械：有塔式起重机、施工升降机和其他卷扬起升机械；基础施工桩工机械：有入岩旋挖钻机、电动打夯机等；混凝土机械：有混凝土输送电动泵车和其他拌合机、砂浆机和振捣机械；还有钢筋加工机械、木作加工机械以及水泵、电焊机、照明器等。这些用电设备使用性质不一样，用电时段有差别。为了实现供电可靠，用电经济合理，确保人身安全和设备的正常运行，就要对上述用电设备进行负荷计算，以此对供配电系统的导线、电器、变压器、发电机等进行科学合理的选择。这些就是负荷计算方面的内容。建筑施工现场的电力负荷计算一般采用需要系数法进行。

(1) 设备功率的确定

进行负荷计算时，需要将用电设备按其使用性质分为不同的用电设备组，然后确定设备功率。

用电设备的额定功率 P_e 或额定容量 S_e 是指设备铭牌上的数据。对于不同负载持续率下的额定功率或额定容量，应换算为统一负载持续率下的有功功率，即设备功率 P_s。

1) 连续工作制电动机，如砂浆拌合机、金属冷加工机床等电动机，其设备功率 P_s 等于其铭牌上的额定功率 P_e。

2) 断续或短时工作电动机，如塔式起重机、电焊机、起重提升用的卷扬机等电动机，其设备功率需要将额定功率换算为统一负载持续率下的设备有功功率。

因为施工现场用电设备的负荷计算均采用需要系数法，所以对断续、短时工作的电动机应统一换算到负载持续率为 $JC=25\%$ 下的有功功率；而电焊机的设备功率则将其额定容量换算到负载持续率为 $JC=100\%$ 时的有功功率。其换算关系如下：

断续工作的电动机：$P_s = P_e \sqrt{\dfrac{JC_e}{0.25}} = 2P_e \sqrt{JC_e}$ (kW)

式中　P_e——电动机额定功率 (kW)；

　　　JC_e——电动机额定负载持续率（暂载率）。

电焊机：$P_s = S_e \sqrt{JC_e} \cos\phi_e$

式中　S_e——电焊机的额定容量 kV·A；

　　　JC_e——电焊机的额定负载持续率（暂载率）；

　　　$\cos\phi_e$——电焊机的额定功率因数。

(2) 用需要系数法确定计算负荷

1) 用电设备组的计算负荷

有功功率：$P_{js} = K_x P_s$ 千瓦 (kW)

无功功率：$Q_{js} = P_{js} \tan\phi$ 千瓦 (kW)

视在功率：$S_{js} = \sqrt{P_{js}^2 + Q_{js}^2}$ 千伏安 (kV·A)

2) 选择导线截面

为了实现安全、经济供电，保证供电的电压质量，配电导线的选择是一项极为重要的工作。选择配电导线，就是选择导线的型号和截面积。而导线截面的选择，主要从导线的机械强度、电流密度和电压降来考虑。结合施工现场配电的情况，变压器供电半径通常为400～500m，一级配电箱到二级配电箱通常在100m左右，二级配电箱到开关箱通常在100m 之内。一般在选择导线截面时，通常以长时间通电允许的电流密度来选择导线的截面积。但在有些具体情况条件下，大跨距、远距离、外加压力等输电时，需要从导线的机械强度或允许电压降方面进行考虑选择。

在施工现场绝缘导线载流量大多采用电流密度来估算。绝缘导线载流量估算，铝芯绝缘导线载流量与截面的倍数关系，见表 9-1 所列。

铝芯绝缘导线载流量与截面的倍数关系表 表 9-1

导线截面（mm²）	1	1.5	2.5	4	6	10	16	25	35	50	70	95	120
载流是截面的倍数	9	9	9	8	7	6	5	4	3.5	3	3	2.5	2.5
导线载流量（A）	9	14	23	32	42	60	90	100	123	150	210	238	300

当选择导线截面时，需要考虑电压降、机械强度等因素和条件，以下几点提出来仅供参考：

① 导线中的计算负荷电流不大于其长期连续负荷允许载流量。

② 线路末端电压偏移不大于其额定电压的 5%。

③ 三相四线制线路的 N 线和 PE 线截面不小于相线截面的 50%，单相线路的零线截面与相线截面相同。

④ 按机械强度要求，绝缘铜线截面不小于 10mm²，绝缘铝线截面不小于 16mm²。

⑤ 在跨越铁路、公路、河流、电力线路档距内，绝缘铜线截面不小于 16mm²，绝缘铝线截面不小于 35mm。

有时在施工现场发生单独超远距离供电给用电设备，为保证供电质量（电压降≤5%），在导线截面的估算感到不方便时，可参考下式直接进行估算：

$$S = 6\Sigma P_e \times L（适用于 380V 铝导线供电）或$$
$$S = 3.6\Sigma P_e \times L（适用于 380V 铜导线供电）$$

式中　S——估算导线截面积（mm²）；

　　　ΣP_e——线路所供电的电动机瓦数（kW）；

　　　L——供电距离（km）。

如用 BLX 铝芯导线供电 2.5km 外一台 5kW 抽水电动机，电动机额定电压 380V，允许相对电压降≤5%，应选多大截面积才够？

按上式估算导线截面积：

铝芯线：$S = 6\Sigma P_e \times L = 6 \times 5 \times 2.5 = 75mm^2$（采用 75mm² BLX 铝芯线）

铜芯线：$S = 3.6\Sigma P_e \times L = 3.6 \times 5 \times 2.5 = 45mm^2$（或采用 50mm² BVR 铜芯电缆线）

上述导线截面积可满足电动机正常工作。

3）需要系数 K_x 的采用

需要系数 K_x 值和最大负荷时功率因数（$\cos\phi$）迄今为止尚未系统测定。另外，在施工现场，由于施工规模和机械化施工水平不同，特别是工程结构形式和施工工艺的不同，设备或设备组的运行情况会有较大差异，因而相应的 K_x 值会有较大的范围，给临时用电负荷计算带来困难和一定的误差。因此，在取值 K_x 时，除了参考表 9-2、表 9-3 外，还需通过施工现场多年工作经验作适当的修正。这样，计算出来的负荷值可能会接近实际用电情况。

用电设备组的 K_x、$\cos\phi$ 及 $\tan\phi$　　　　　表 9-2

用电设备组名称		K_x	$\cos\phi$	$\tan\phi$
混凝土搅拌机械、砂浆搅拌机等混凝土机械	10 台以下	0.7	0.68	1.08
	10 台以上	0.6	0.65	1.17
破碎机、筛洗机、泥浆机、空气压缩机、通风机、输送机	10 台以下	0.7	0.7	1.02
	10 台以上	0.65	0.65	1.17
提升机、掘土机，其他起重机械	10 台以下	0.3	0.7	1.02
	10 台以上	0.2	0.65	1.17
电焊机等焊接机械	10 台以下	0.45	0.6	1.33
	10 台以上	0.35	0.4	2.29

同类用电设备组的 K_x、$\cos\phi$ 及 $\tan\phi$　　　　　表 9-3

用电设备组名称		K_x	$\cos\phi$	$\tan\phi$
卷扬机	5～9 台	0.3	0.45	1.98
爬塔	1～2 台	0.3	0.65	1.17
拌合机	1～2 台	0.6	0.4	2.29
砂浆机	3～5 台	0.7	0.65	1.17
喷浆机	1～2 台	0.8	0.8	0.75
塔式起重机或施工升降机	2～5 台	0.3	0.7	1.02
排水泵	3～4 台	0.8	0.8	0.75
木工机械	2～3 台	0.7	0.75	0.88
电焊机	1～3 台	0.45	0.6	1.33
钢筋机械	3～5	0.7	0.7	1.02
电钻	1～2 台	0.7	0.75	0.88
电气照明	生产、生活、行政区	0.8～0.9	1.0	0.0

3. 安全用电基本知识

安全用电基本知识可包括：安全用电技术措施、安全用电组织措施和防止触电的措施。

（1）安全用电技术措施

按照《施工现场临时用电安全技术规范》JGJ 46—2005，施工现场在电源中性点直接接地的低压电力线路中，必须采用 TN—S 接零保护系统，并需要制定、实施如下用电技术措施：

1）保证正确可靠的接地与接零。所有接地、接零处必须保证可靠的电气连接。保护零线 PE 必须采用绿/黄双色线，严格与相线、工作零线相区别，杜绝混用。保护零线应单独敷设不做他用。保护零线在总配电箱、配电线路中间和末端至少三处做重复接地，接地电阻值不应大于 10Ω。严禁一部分设备做保护接零，另一部分设备做保护接地。

2）施工现场的配电箱和开关箱至少配置两级漏电保护器。即必须按"三级配电二级保护"设置。在任何情况下，漏电保护器只能通过工作接零线，而不能通过保护接零线。施工现场的用电设备必须实行"一机、一闸、一漏、一箱"制。即每台用电设备必须有自己专用的开关箱，专用开关箱必须设置独立的隔离开关和漏电保护器。

3）电气线路的安全技术措施

① 施工现场电气线路全部采用"三相五线制"（TN-S 系统）专用保护接零（PE 线）系统供电。

② 施工现场架空线采用绝缘铜芯线。

③ 架空线设在专用电杆上，严禁架设在树木、脚手架上。

④ 导线与地面保持足够的安全距离。导线与地面最小垂直距离不小于 4m；机动车道不小于 6m；铁路轨道应不小于 7.5m。

⑤ 因各种原因无法保证规定的电气安全距离，必须采取防护性遮拦、栅栏、悬挂警告标志牌等防护措施。

⑥ 为了防止设备外壳带电发生触电事故，设备应采用保护接零，并安装漏电保护器等措施。作业人员要经常检查保护零线连接是否牢固可靠，漏电保护器是否有效。

⑦ 在配电箱等用电危险地方，挂设安全警示牌。如"有电危险"、"严禁合闸，有人工作"等。

4）在建工程不得在高、低压下施工，高压线路下方不得搭设作业棚或堆放其他架具杂物等。施工时各种架具的外侧边缘与外电架空高压线路必须保持安全操作距离，见表 9-4～表 9-6 所列。

在建工程周边与架空线路边线之间的最小安全操作距离　　　　表 9-4

外电线路电压等级（kV）	<1	1～10	35～110	220	330～500
最小安全操作距离（m）	4.0	6.0	8.0	10	15

注：上、下脚手架的斜道不宜设在有外电线路的一侧。

起重机械与架空线路边线的最小安全距离　　　　表 9-5

电压（kV）	<1	10	35	110	220	330	500
沿垂直方向最小安全距离（m）	1.5	3.0	4.0	5.0	6.0	7.0	8.5
沿水平方向最小安全距离（m）	1.5	2.0	3.5	4.0	6.0	7.0	8.5

防护设施与外电线路之间的最小安全距离　　　　表 9-6

外电线路电压（kV）	≤10	35	110	220	330	500
最小安全距离（m）	1.7	2.0	2.5	4.0	5.0	6.0

5）配电系统的配电箱、开关箱应标识，表明设备的名称、用途、分路标记。停电检修时，必须悬挂停电标志牌并挂接必要的接地线。

6）配电箱、开关箱必须按照下列顺序操作：

送电操作顺序为：总配电箱→分配电箱→开关箱；

停电操作顺序为：开关箱→分配电箱→总配电箱。

7) 电线的相色

① 正确识别电线的相色

电源线路可分工作相线（火线）、专用工作零线和专用保护零线。一般情况下，工作相线（火线）带电危险，专用工作零线和专用保护零线不带电（在不正常情况下，工作零线也可以带电）。

② 相色的规定

一般相线（火线）分为 A、B、C 三相，分别为黄色、绿色、红色；工作零线为黑色；专用保护零线为黄绿双色线。

严禁用黄绿双色线、黑色线、蓝色线当相线，也严禁用黄色、绿色、红色线作为工作零线和保护零线。保护零线的线径不应小于相线线径的 50%，工作零线的线径与相线线径与三相四线制相同或比其低一个级别（三相负荷基本平衡），但在单相电路中相线与零线线径应一致。

8) 电气设备的设置、安装、使用、维修必须符合《施工现场临时用电安全技术规范》JGJ 46—2005 的要求。

(2) 安全用电组织措施

1) 建立安全用电技术交底制度，重点是要向具体作业人员指出用电过程中的安全风险源和管理点并需要采取的相应技术措施。交底后应完备签字手续和载明交底日期。

2) 建立安全检查和评估制度，按照《施工现场临时用电安全技术规范》JGJ 46—2005 定期对现场用电情况进行检查和评估。对发现用电隐患，要及时排除并采取预防措施。

3) 建立安全检测制度，定期对用电进行检测的主要内容有：接地电阻、电气设备绝缘电阻、漏电保护器动作参数等，检测时做好检测记录。

4) 定期对专业电工和各类用电人员进行用电安全教育和必要的培训，经过考核合格者持证上岗，禁止无证上岗或随意串岗。

(3) 防止触电的措施

1) 在所有通电的电气设备上，外壳又无绝缘隔离措施时，或当绝缘已经损坏的情况下，人体不要直接与通电设备接触，但可以用装有绝缘柄的工具去带电操作。

2) 所有用电设备必须做保护接零，并装设漏电保护装置。

3) 在配电箱或启动器周围的地面上，应加铺一层干燥的木板或有橡胶绝缘垫板。

4) 架空高压线因外力作用，高压线断落地面时，人体应远离电线落点不小于 8~10m，并要有人守护，同时要及时组织抢修，排除危险。

5) 经常对电气设备进行检查，发现温升过高或绝缘下降时，应及时查明原因，消除故障。

6) 熔断器的熔丝不能选配过大，更不能随意用其他从属导线代替。

7) 万一发生电气故障而造成漏电、短路，引起燃烧时，应立即断开电源。并用砂、四氯化碳或二氧化碳灭火器灭火，切不可用水或酸碱泡沫灭火机灭火。

(二)设备安全用电

1. 配电箱、开关箱和照明线路的使用要求

施工现场必须使用符合《施工现场临时用电安全技术规范》JGJ 46—2005 要求的合格配电箱和开关箱。同时,应按设备所需的容量来选择配电箱的型号,避免配电箱与设备之间的容量不匹配。配电箱的安装与使用要求如下:

(1) 总配电箱(一级配电)应设置在靠近电源和负荷中心区域。分配电箱(二级配电)应设在用电设备集中的区域,分配电箱与开关箱(三级配电)的距离不得超过 30m,开关箱与其控制的固定式用电设备的水平距离不宜超过 3m。

(2) 每台用电设备必须有各自专用的开关箱,严禁用同一个开关箱控制 2 台及 2 台以上的用电设备(含插座)。

(3) 动力与照明配电箱宜分设,当合并设置在一个配电箱时,动力回路与照明回路应分路配电,动力开关箱与照明开关箱必须分设。

(4) 配电箱、开关箱应装设在干燥、通风及常温场所,不得装设在有害介质中,亦不得装设在易受外来固体物撞击、强烈震动、液体浸溅及热源烘烤场所。否则,应予以清除或做防护处理。

(5) 配电箱、开关箱的周围应有足够两人同时操作的空间及通道,箱前不得堆放任何妨碍操作的物品,不得有灌木、杂草。

(6) 配电箱、开关箱应安装端正、牢固。固定式配电箱、开关箱的中心点距地面的垂直距离为 1.4~1.6m。移动式配电箱、开关箱应设置在牢固、稳定的支架上,其中心点与地面的垂直距离宜为 0.8~1.6m。

(7) 配电箱、开关箱进出线应固定牢固、安装规范,严禁承受外力和机械损伤,应标有名称、用途、分路标记及系统接线图。

(8) 配电箱、开关箱应配锁,由专人负责,箱内不得放置任何杂物,并应保持整洁。

(9) 配电箱、开关箱内不得随意挂接其他用电设备。电器配置和接线严禁随意改动,电器装置损坏更换时,严禁采用与原规格、型号、性能不一致的代用品。严禁在隔离开关的负荷侧引出电源。

(10) 施工现场下班停电工作时,必须将班后不用的配电装置断电上锁。班中停止一小时以上时,相关开关箱应断电上锁。

2. 保护接零和保护接地的区别及重复接地

(1) 保护接零与保护接地的区别

接地、接零的作用就是将用电设备在正常情况下不带电的金属导电部分与地(零)线进行电气连接。当设备发生故障,绝缘层遭到损坏,造成设备的外壳带电时与地(零)线发生短路,使保护装置动作切断电源,避免了设备外壳长期带电对人存在的危害。

目前,施工现场用电系统的接地、接零保护系统分两大类:TT 系统和 TN 系统

(TN-C、TN-S、TN-C-S 系统)。

TT 系统：TT 系统的电源中性点直接接地，而电气设备外露可导电部分（金属外壳）通过与系统接地点（此接地点通常指中性点）无关的接地体直接接地。

由于在 TT 系统中电力系统直接接地，用电设备通过各自的 PE 线接地，因而在发生某一接地故障时，故障电流取决于电力系统的接地电阻和 PE 线的接地电阻，故障电流往往不足以使电力系统中的保护装置动作从而切断电源，这样故障电流就会在设备的外露可导电部分呈现危险的对地电压（约有 110V）。如果在环境条件比较差的场所使用这种保护系统的话，很可能达不到漏电保护的目的。另外，TT 保护系统还需要系统中每一个用电设备都通过自己的接地装置接地，施工工程量较大，所在施工现场不宜采用 TT 保护系统。

TN 系统：是电源中性点直接接地，电气设备外露可导电部分（金属外壳）直接接零（与中性线相连接，即接零制）的接零保护系统。根据中性线和电气设备金属外壳连接的不同方式，在 TN 系统中按照中性线与保护线组合情况又可分为 TN-C 系统、TN-C-S 系统和 TN-S 系统三种型式。

1) TN-C 系统——工作零线（N 线）和保护零线合一设置的（简称 PEN 或 NPE）接零保护系统。

2) TN-C-S 系统——在整个系统中，工作零线和保护零线前一部分是合一使用，后一部分是分开设置的接零保护系统。

3) TN-S 系统——在整个系统中工作零线（N 线）和保护零线（PE 线）是分开设置的接零保护系统。

上述介绍的接地保护与接零保护的几种连接方式如图 9-1 所示。

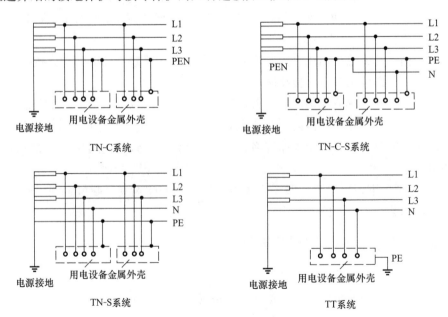

图 9-1 接地保护与接零保护的几种连接方式

根据《施工现场临时用电安全技术规范》（JGJ 46—2005）的要求，施工现场专用的中性点直接接地的低压电力线路中，必须采用 TN-S 接零保护系统。因而，在施工现场专用变压器供电的 TN-S 接零保护系统中，电气设备的金属外壳必须与保护零线（PE 线）连接。而工作零线（N 线）必须通过总漏电保护器，保护零线（PE 线）应由工作接地线、配电室（总配电箱）电源侧零线或总漏电保护器电源侧零线处引出，形成局部 TN-S 接零保护系统，如图 9-2、图 9-3 所示。

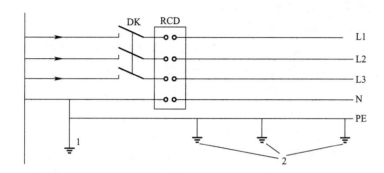

图 9-2　三相四线供电时局部 TN—S 接零保护系统保护零线引出示意
1—NPE 线重复接地；2—PE 线重复接地；L1、L2、L3—相线；N—工作零线；PE—保护零线；DK—总电源隔离开关；RCD—总漏电保护器（兼有短路、过载、漏电保护功能的漏电断路器）

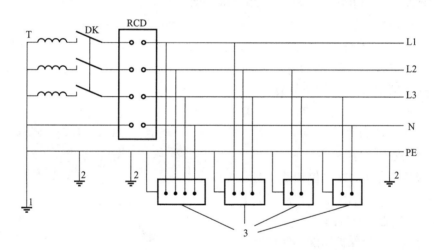

图 9-3　专用变压器供电时 TN—S 接零保护系统示意
1—工作接地；2—PE 线重复接地；3—电气设备金属外壳（正常不带电的外露可导电部分）；L1、L2、L3—相线；N—工作零线；PE—保护零线；DK—总电源隔离开关；RCD—总漏电保护器（兼有短路、过载、漏电保护功能的漏电断路器）；T—变压器

(2) 重复接地

在变压器中性点直接接地的系统中，除在中性点直接接地以外，为了保证接地的作用和效果，还须在保护零线上的一处或多处再做接地，称为重复接地。重复接地电阻应小于 10Ω。

在保护接零系统中重复接地的作用：

1) 降低漏电设备对地的电压。

2) 减轻零线断线时的触电危险和三相负荷不对称时对地电压的危险。
3) 缩短碰壳或接地短路持续时间。
4) 改善架空线路的防雷性能。

3. 漏电保护器的正确使用要求

（1）漏电保护器的工作原理、参数与分类

1) 漏电保护器的工作原理和参数

漏电保护器的作用主要是防止漏电引起的事故和防止单相触电事故。它不能对两相触电起到保护。其次是防止由于漏电引起的火灾事故。当漏电保护装置与自动开关组装在一起，使其具备短路、过载、漏电保护的功能时，这种电器装置就称为漏电断路器。目前施工现场基本上使用的全部是漏电断路器。

漏电保护器工作原理：当电源供出的电流经负载使用后又全部回到电源时，在零序电流互感器铁芯中的合成磁场是为零的。在零序电流互感器的二次侧线圈中无感应电流产生，放大器中无信号。若负荷侧发生漏电，则电源供出的电流在负荷侧泄流了一部分后就不能全部流回到电源，零序电流互感器中合成的磁场就不为零，互感器二次侧的线圈中就产生了一个感应电压并送达到放大器，放大器把检测到的信号经过放大后，推动灵敏继电器动作，触动连锁机构跳闸，达到切断电源的目的。

漏电保护器的参数：

额定电流 I_n，参数有：6、10、16、20、32、40、63、100、200、250、400、600（A）等。

额定剩余动作电流 $I_{\Delta n}$，参数有：15、30、50、75、100、150、200、300、500（mA）等。

额定剩余不动作电流 $I_{\Delta n0}=0.5I_{\Delta n}$。

分断时间参数有 0.1s、0.2s、0.3s 等。

2) 漏电保护器分类：

按运行方式可分为：

① 不用辅助电源的漏电保护器（电磁式）；

② 使用辅助电源的漏电保护器（电子式）。

根据保护功能可分为：

① 只有剩余电流保护功能的保护器；

② 有过载保护功能的保护器；

③ 有短路保护功能的保护器；

④ 有过载、短路保护功能的保护器；

⑤ 有过电压保护功能的保护器；

⑥ 有多功能（过载、短路、过电压、漏电）保护的保护器。

（2）漏电保护器的使用要求

漏电保护器应装设在总配电箱、分配电箱、开关箱靠近负荷一侧，且不得用于启动电气设备的操作。

漏电保护器的选择应符合现行国家标准《剩余电流动作保护电器的一般要求》GB/Z 6829—2008 和《剩余电流动作保护装置安装和运行》GB 13955—2005 的规定。

一般场所开关箱内漏电保护器的额定漏电动作电流不应大于30mA，额定漏电动作时间不应大于0.1s。

使用于潮湿或有腐蚀介质场所的漏电保护器应采用防溅型新产品。其额定漏电动作电流不应大于15mA。额定漏电动作时间不应大于0.1s。

施工降水、夯实、振捣、地面抹光（水磨石）水泵供水、Ⅰ类和Ⅱ类（非塑料外壳）手持电动工具，其漏电保护器的额定漏电动作电流应大于30mA，额定漏电动作时间应大于0.1s。但其额定漏电动作电流与额定漏电动作时间的乘积不应大于30mA·s。

漏电保护器的极数和线数必须与其负荷侧负荷的相数和线数一致。

漏电保护器宜选用无辅助电源型（电磁式）产品，当选用辅助电源故障时不能自动断开的辅助电源型（电子式）产品时，应同时设置缺相保护。

漏电保护器应按产品说明书安装、使用。对搁置已久重新使用或连续使用的漏电保护器应逐月检测其特性，发现问题应及时修理或更换。

漏电保护器的正确使用接线方法应按图9-4选用。

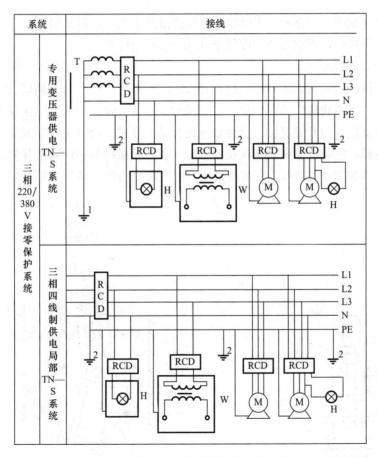

图9-4 漏电保护器使用接线方法示意

L1、L2、L3—相线；N—工作零线；PE—保护零线、保护线；1—工作接地；2—重复接地；T—变压器；RCD—漏电保护器；H—照明器；W—电焊机；M—电动机

4. 行程开关（限位开关）的正确使用与要求

行程开关，又称限位开关或者限位器，工作原理是利用生产机械运动部件的碰撞使其触头动作来实现接通或分断控制电路，从而实现限制机械运动的位置或行程；控制运动机械按一定位置或行程自动停止、反向运动、变速运动或自动往返运动。

行程开关基本构造：操作头、触点系统和外壳，如图 9-5 所示。

行程开关按其结构可分为直动式、滚轮式、微动式和组合式。

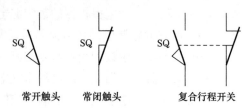

图 9-5　行程开关符号

（1）直动式行程开关

动作原理同按钮类似，所不同的是一个是手动，另一个则由运动部件的撞块碰撞。当外界运动部件上的撞块碰压按钮使其触头动作，当运动部件离开后，在弹簧作用下，其触头自动复位。

其结构原理如图 9-6 所示，其动作原理与按钮开关相同，但其触点的分合速度取决于生产机械的运行速度，不宜用于速度低于 0.4m/min 的场所。

（2）滚轮式行程开关

当运动机械的挡铁（撞块）压到行程开关的滚轮上时，传动杠连同转轴一同转动，使凸轮推动撞块，当撞块碰压到一定位置时，推动微动开关快速动作。当滚轮上的挡铁移开后，复位弹簧就使行程开关复位。这种是单轮自动恢复式行程开关。而双轮旋转式行程开关不能自动复原，它是依靠运动机械反向移动时，挡铁碰撞另一滚轮将其复原。

其结构原理如图 9-7 所示，当被控机械上的撞块撞击带有滚轮的撞杆时，撞杆转向右

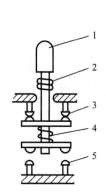

图 9-6　直动式行程开关
1—推杆；2、4—弹簧；
3—动断触点；5—动合触点

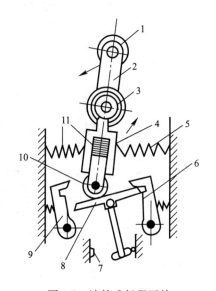

图 9-7　滚轮式行程开关
1—滚轮；2—上转臂；3、5、11—弹簧；4—套架；
6—滑轮；7—压板；8、9—触点；10—横板

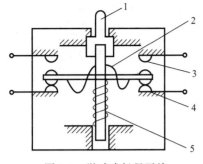

图 9-8 微动式行程开关
1—推杆；2—弹簧；3—动合触点；
4—动断触点；5—压缩弹簧

边，带动凸轮转动，顶下推杆，使微动开关中的触点迅速动作。当运动机械返回时，在复位弹簧的作用下，各部分动作部件复位。

滚轮式行程开关又分为单滚轮自动复位和双滚轮（羊角式）非自动复位式，双滚轮行移开关具有两个稳态位置，有"记忆"作用，在某些情况下可以简化线路。

(3) 微动式行程开关

微动式行程开关的组成，以常用的有 LXW-11 系列产品为例，其结构原理如图 9-8 所示。

以 LX19 和 JLXK1 系列限位开关的主要技术参数为例　　　表 9-7

型号	额定电压（V）	额定电流（A）	结构形式	触头对数常开	触头对数常闭	工作行程	超行程
LX19K	交流380 直流220	5	元件	1	1	3mm	1mm
LX19-001	同上	5	无滚轮，仅用传动杆，能自复位	1	1	<4mm	>3mm
LXK19-111	同上	5	单轮，滚轮装在传动杆内侧，能自动复位	1	1	~30°	~20°
LX19-121	同上	5	单轮，滚轮装在传动杆外侧，能自动复位	1	1	~30°	~20°
LX19-131	同上	5	单轮，滚轮装在传动杆凹槽内	1	1	~30°	~20°
LX19-212	同上	5	双轮，滚轮装在U形传动杆内侧，不能自动复位	1	1	~30°	~15°
LX19-222	同上	5	双轮，滚轮装在U形传动杆外侧，不能自动复位	1	1	~30°	~15°
LX19-232	同上	5	双轮，滚轮装在U形传动杆内外侧各一，不能自动复位	1	1	~30°	~15°
JLXK1-111	交流500	5	单轮防护式	1	1	12°~15°	≤30°
JLXK1-211	同上	5	双轮防护式	1	1	~45°	≤45°
JLXK1-311	同上	5	直动防护式	1	1	1~3mm	2~4mm
JLXK1-411	同上	5	直动滚轮防护式	1	1	1~3mm	2~4mm

施工现场使用的机械设备中主要是塔式起重机、施工升降机一类起重设备，大量使用限位开关（限位）装置。在塔式起重机中使用的行程开关有高度限位开关、变幅限位开关、回转限位开关，起重量限制器，起重力矩限制器。移动式的塔机有行程限位器。施工升降机（施工电梯）中使用有上下行程开关，起重量限制器，吊笼门（双门、单门和逃逸

窗）开、闭限位开关等。这些行程开关在设备上的使用，主要是防止超重、超载、越位、冒顶等。因此，这些行程开关在设备固定部位上安装要牢固，安装的位置要准确，行程开关中的辅助触点动作应灵敏、可靠。行程开关与控制继电接触器之间的电气连接应安全牢靠。

十、工程预算的基本知识

（一）建筑工程及市政工程造价的基本概念

1. 建筑工程造价的构成

建筑工程造价主要由直接工程费、间接费、计划利润和税金四部分组成。其具体构成和计算见表 10-1 所列。

建筑工程造价参考计算方法　　　　　表 10-1

费用项目			参考计算方法
（一）直接工程费	直接费	人工费	Σ（人工工日概预算定额×日工资单价×实物工程量）
		材料费	Σ（材料概预算定额×材料预算价格×实物工程量）
		建筑机械使用费	Σ（机械概预算定额×机械台班预算单价×实物工程量）
	其他直接费	临时设施费	土建工程：（人工费+材料费+机械使用费）×取费定额
		现场管理费	安装工程：人工费×取费定额
（二）间接费		企业管理费	土建工程：直接工程费×取费定额
		财务费	安装工程：人工费×取费定额
		其他费用	
盈利		（三）计划利润	土建工程：（直接工程费+间接费）×取费定额 安装工程：人工费×计划利润率
		（四）税金	（直接工程费+间接费+计划利润）×税率

2. 工程造价的定额计价方法的概念

定额计价是按照各地区省级建设行政主管部门发布的建设工程《消耗量定额》中的"工程量计算规则"，同时参照省级建设行政主管部门发布的人工工日单价、机械台班单价、材料以及设备价格信息及同期市场价格，直接计算出直接工程费，再按规定的计算方法计算措施费、其他项目费、管理费、利润、规费、税金，汇总确定建筑安装工程造价。

3. 工程造价的工程量清单计价方法的概念

工程量清单计价方法是一种国际上通行的计价方法。工程量清单计价方法计算单位工程造价的基本思路是，将反映拟建工程的分部分项工程量清单、措施项目清单、其他项目清单的工程数量，分别乘以相应的综合单价，即可分别得出三种清单中各子项的价格；将三种清单中各子项的价格分别相加，即分别得出三种清单的合计价格。最后将三种清单的合计价格相加，即可得出拟建工程造价。

工程量清单计价方法真正反映了工程造价是通过构成该工程的"工程数量×综合单价"来计算的思路。

4. 施工预算、结算和决算的概念

（1）预算：是设计单位或施工单位根据施工图纸，按照现行工程定额预算价格编制的工程建设项目从筹建到竣工验收所需的全部建设费用。

（2）结算：是施工单位根据竣工图纸，按现行工程定额实际价格编制的工程建设项目从开工到竣工验收所需的全部建设费用。它是反映施工企业经营管理状况，搞好经济核算的基础。

（3）决算：是建设单位根据决算编制要求，工程建设项目从筹建到交付使用所需的全部建设费用。它是反映工程建设项目实际造价和投资效果的文件。

（二）建筑与市政工程机械使用费

建筑与市政工程中的机械使用费，是指在施工过程中由于建筑机械进行作业所发生的费用。以各种机械设备的台班消耗用量和机械台班单价为依据，计算出该工程的机械使用费。

1. 机械台班消耗量的确定

机械台班消耗量也称机械台班消耗定额，是指在正常施工条件和合理使用建筑机械条件下完成单位合格产品，所消耗的某种型号的建筑机械台班的数量标准。按其表现形式，可分为机械时间定额和机械产量定额。

（1）机械时间定额

机械时间定额是指在合理的劳动组织、生产组织和合理使用机械正常施工条件下，由熟练工人或工人小组操纵使用机械，完成单位合格产品所必须消耗的机械工作时间。计量单位以台班或工日表示。

（2）机械产量定额

机械产量定额是指在合理的劳动组织、生产组织和合理使用机械正常施工条件下，机械在单位时间内完成合格产品的数量。计量单位以平方米、根、块等表示。

机械由工人操纵，一般既要计算机械时间定额，又要计算操纵机械的人工定额。人工消耗包括基本用工、辅助用工、其他用工和机上用工。

2. 机械台班预算单价的确定

（1）机械台班单价及其组成

机械台班预算单价是指一台建筑机械，在正常运转条件下，一个工作台班所发生的全部费用。由下列七项费用组成：

1）折旧费：机械台班折旧费是指建筑机械在规定的使用期限内，每一台所分摊的机

械原值及所支付的贷款利息的费用。

2)大修理费:指建筑机械按规定的大修间隔台班进行必要的大修,以恢复其正常功能所需的全部费用。

3)经常修理费:指建筑机械除大修理以外的各级保养和临时故障排除所需的费用。包括为保障机械正常运转所需替换设备与随机配备工具附具的摊销和维护费用,机械运转中日常保养所需润滑与擦拭的材料费用及机械停滞期间的维护和保养费用等。

4)安拆费及场外运费:安拆费指建筑机械在现场进行安装与拆卸所需的人工、材料、机械和试运转费用以及机械辅助设施的折旧、搭设、拆除等费用;场外运费指建筑机械整体或分体自停放地点运至施工现场或由一施工地点运至另一施工地点的运输、装卸、辅助材料及架线等费用。

5)人工费:指机上司机和其他操作人员的工作日人工费及上述人员在建筑机械规定的年工作台班以外的人工费。

6)燃料动力费:指建筑机械在运转作业中所消耗的固体燃料(煤、木柴)、液体燃料(汽油、柴油)及水、电等。

7)养路费及车船使用税:指建筑机械按照国家规定和有关部门规定应缴纳的养路费、车船使用税、保险费及年检费等。

(2)机械台班单价的确定依据

1)折旧费的计算依据

① 机械预算价:按设备购置费计算。

② 残值率:是指机械报废时回收的残值占机械预算价格的比率。残值率按有关文件规定:运输机械2%,特大型机械3%,中小型机械4%,掘进机械5%。

③ 贷款利息系数:为补偿企业贷款购置机械设备所支付的利息,从而合理反映资金的时间价格,以大于1的贷款利息系数,将贷款利息(单利)分摊在台班折旧费中。其计算公式如下:

$$贷款利息系数 = 1 + \frac{(n+1)}{2} \times i$$

式中 n——国家有关文件规定的此类机械折旧年限;

i——当年银行贷款利率。

④ 耐用总台班数:指机械在正常施工条件下,从投入使用直到报废为止。按规定应达到的使用总台班数。其计算公式如下:

耐用总台班 = 折旧年限 × 年工作台班 = 大修间隔台班 × 大修周期

大修周期 = 寿命期大修理次数 + 1

2)大修理费计算依据

每台班的大修理费是指机械设备按规定的大修间隔台班进行必要的大修理,以恢复机械的正常功能时,每台班所摊的费用,其计算公式如下:

台班大修理费 = (一次大修理费 × 寿命期内大修次数) ÷ 耐用总台班数

① 一次大修理费:按机械设备规定的大修理范围和工作内容,进行一次修理所需消耗的工时、配件、辅助材料、油料以及送修运输等全部费用计算。

② 寿命期内大修次数：为恢复原机功能按规定在寿命期内需要进行的大修理次数。

3) 经常修理费计算依据

① 各级一次保养费用：分别指机械在各个使用周期内为保证机械处于完好状态，必须按规定的各级保养间隔周期、保养范围和内容进行的一、二、三级保养或定期保养所消耗的工时、配件、辅料、油燃料等费用。

② 寿命期各级保养总次数：分别指一、二、三级保养或定期保养，在寿命期内各个使用周期中保养次数之和。

③ 机械临时故障排除费用、机械停置期间维护保养费：指机械除规定的大修理及各级保养以外，临时故障所需费用以及机械在工作日以外的保养维护所需润滑擦拭材料费，可按各级保养费用之和的百分数计算。即：

机械临时故障排除费及机械停置期间维护保养费
=Σ(各级保养一次费用 × 寿命期各级保养总次数) × 3%

④ 替换设备及工具附具台班摊销费：指轮胎、电缆、蓄电池、运输皮带、钢丝绳、履带板等消耗性设备和按规定随机配备的全套工具附具的台班摊销费用。其计算公式：

替换设备及工具附具台班摊销费
=Σ[(各类替换设备数量 × 单价 ÷ 耐用台班)
+(各类随机工具附具数量 × 单价 ÷ 耐用台班)]

⑤ 例保辅料费：即机械日常保养所需润滑擦拭材料费用。

4) 安拆费及场外运输费计算依据

台班安拆费用、场外运输费用分别按不同机械型号、重量、外形体积以及不同的安拆和运输方式测算其一次安拆费和一次场外运输费及年平均安拆、运输次数，作为计算依据。

3. 建筑机械台班使用费的组成和计算方法

建筑机械台班使用费，即建筑机械台班预算价格，是以"台班"为计量单位，指一台建筑机械在一个台班中（按 8h 计）为使机械正常运转所支出和分摊的各种费用之和。建筑机械台班使用费是工程造价的主要组成部分，它的正确计算，将有利于确定工程造价，促使企业合理使用资金，加强建筑机械的管理水平，提高劳动生产率。计算如下：

(1) 折旧费的计算

台班折旧费 =（机械预算价格 ×（1 - 残值率）× 贷款利息系数）÷ 耐用总台班数

耐用总台班数 = 折旧年限 × 年工作台班

(2) 大修理费的计算

台班大修理费 =（一次大修理费 × 寿命期内大修次数）÷ 耐用总台班数

(3) 经常修理费的计算

台班经常修理费 =［(Σ(各级保养一次费用 × 寿命期内各级保养总次数)
+ 临时故障排除费) ÷ 耐用总台班数］
+ 替换设备台班摊销费 + 工具附具台班摊销费 + 例保辅料费

为简化计算，编制台班费用定额时也可以采用下列公式：

$$台班经常修理费 = 台班大修理费 \times K$$
$$K = 台班经常修理费 \div 台班大修理费$$

系数 K 可在《建筑安装工程机械台班费用定额》的附表中查得。

(4) 安拆费及场外运费的计算

$$台班安拆费 = [(机械一次安拆费 \times 年平均安拆次数) \div 年工作台班] + 台班辅助设施费$$
$$台班辅助设施费 = [(一次运输及装卸费 + 辅助材料一次摊销费$$
$$+ 一次架线费) \times 年运输次数] \div 年工作台班$$

(5) 人工费的计算

$$台班人工费 = 定额机上人工工日 \times 日工资单价$$
$$定额机上人工工日 = 机上定员工日 \times (1 + 增加工日系数)$$

(6) 燃料动力费的计算

$$台班燃料动力费 = 台班燃料动力消耗量 \times 燃料或动力的单价$$

(7) 养路费及车船使用税的计算

$$养路费及车船使用税 = 载重量(或核定自重吨位) \times (养路费标准元／吨 \cdot 月 \times 12$$
$$+ 车船使用税标准元／t \cdot 年) \div 年工作台班$$

【例 10-1】 现有 5t 载重汽车的资料如下，若不计养路费及车船税，试计算其台班使用费。预算价格 71846 元，年工作台班 240 台班，折旧年限 8 年，贷款年利率 8.64%，大修理间隔台班 950 台班，人工费单价 22.47 元/日，使用周期 2 年，人工消耗 1.25 工日/班，一次大修理费 16653.44 元，柴油预算价格 2.17 元/kg，经常维修费系数 K 为 5.61，柴油 32.19kg/台班，机械残值率 2%。

【解】 (1) 耐用总台班为：
$$950 \times 2 = 1900 \text{ 台班}$$

(2) 机械台班折旧费为：
$$71846 \times (1 - 2\%) \times [1 + 0.5 \times 8.64\% \times (8 + 1)] \div 1900 = 51.46 \text{ 元／台班}$$

(3) 台班大修理费为：
$$16653.44 \times (2 - 1) \div 1900 = 8.76 \text{ 元／台班}$$

(4) 经常修理费为：
$$台班经常修理费 = 台班大修理费 \times K = 8.76 \times 5.61 = 49.14 \text{ 元／台班}$$

(5) 台班人工费为：
$$22.47 \times 1.25 = 28.09 \text{ 元／台班}$$

(6) 台班柴油费为：
$$2.17 \times 32.19 = 69.85 \text{ 元／台班}$$

(7) 5t 载重汽车台班使用费为：
$$51.46 + 8.76 + 49.14 + 28.09 + 69.85 = 207.3 \text{ 元／台班}$$